中高职衔接数控技术专业核心课程教材

数控车床操作技能实训教程

（高职分册）

主　编　杜海清

副主编　贾春扬　应　跃

主　审　刘　健

U0276893

ZHEJIANG UNIVERSITY PRESS
浙江大学出版社

图书在版编目（CIP）数据

数控车床操作技能实训教程. 高职分册 / 杜海清主编. —杭州：浙江大学出版社，2017.6
ISBN 978-7-308-16507-5

Ⅰ.①数… Ⅱ.①杜… Ⅲ.①数控机床－车床－操作－高等职业教育－教材 Ⅳ.①TG519.106

中国版本图书馆 CIP 数据核字（2016）第 314070 号

数控车床操作技能实训教程（高职分册）

主编　杜海清

责任编辑	吴昌雷
责任校对	潘晶晶　刘　郡
封面设计	杭州林智广告有限公司
出版发行	浙江大学出版社
	（杭州市天目山路 148 号　邮政编码 310007）
	（网址：http://www.zjupress.com）
排　　版	杭州中大图文设计有限公司
印　　刷	富阳市育才印刷有限公司
开　　本	787mm×1092mm　1/16
印　　张	13
字　　数	340 千
版 印 次	2017 年 6 月第 1 版　2017 年 6 月第 1 次印刷
书　　号	ISBN 978-7-308-16507-5
定　　价	35.00 元

前 言

数控技术是用数字信息对机械运动和工作过程进行控制的技术,数控机床是数控技术实施加工控制的机床,是以数控技术为代表的新技术对传统制造产业和新兴制造业的渗透形成的一种机电一体化产品。数控机床是发展新兴高新技术产业和尖端工业最基本的装备。世界各国信息产业、生物产业、航空航天等国防工业广泛采用数控技术,以提高制造能力和水平,提高对市场的适应能力和竞争能力。目前,大力发展以数控技术为核心的先进制造技术已成为世界各发达国家加速经济发展、提高综合国力和国家地位的重要途径。

本教材是中高职衔接数控技术专业核心课程教材,按照中、高职教学大纲,依据《国家职业标准(数控车工)》中、高级要求,结合作者从事数控加工工艺和数控加工技术方面的教学、竞赛和工作经验编写而成。

本教材按"工学结合""任务引领"的教学理念,紧密联系生产实际,在理论知识够用的前提下,依照工作过程设置教学内容,包括任务布置、知识链接、工艺分析、编程、操作实训以及注意事项等内容,实现"理实一体化"教学,激发学生的学习兴趣,提高课堂教学质量,最终达到相应等级职业技能操作水平。

本教材分为中职分册和高职分册。高职分册模块一由陈水明编写,模块二由金维法编写,模块三由应跃编写,模块四由毛江峰编写,模块五由盛国栋编写。全书由杜海清组织编写、统稿,任主编,贾春扬、应跃任副主编,刘健主审。

在教材编写和出版过程中,浙江工业职业技术学院、温州职业技术学院、宁海职教中心、宁波鄞州职教中心、温州市职业中等专业学校、慈溪杭州湾中等职业学校、新昌技师学院、德清县职业中等专业学校、杭州汽轮机股份有限公司、浙江日发数码精密机械股份有限公司、浙江凯达机床有限公司等单位相关老师、技术人员给予了大力支持,对本书提出了许多宝贵的意见和建议,在此一并表示衷心感谢!

由于编者水平有限,书中错误与不当之处在所难免,敬请读者批评指正,以期进一步完善。

编 者

2016 年 12 月

目 录

模块一 职业素养与安全规范

 知识目标

(1)危险源的认知。

(2)熟悉数控车床的操作规范。

(3)了解安全生产事故的类型。

(4)了解职业道德的概念和基本要求。

(5)了解工作现场6S管理的目的。

(6)建立对质量和质量管理的认知。

 技能目标

(1)会进行危险源的辨识和防范。

(2)会保障数控车床操作的安全。

(3)会进行紧急情况的安全处置。

(4)会进行工作现场6S管理的开展。

任务一　工作岗位危险源的辨识与防范

 任务导入

危险源是指一个系统中具有潜在能量和物质释放危险的,可造成人员伤害、财产损失或环境破坏的,在一定的触发因素作用下可转化为事故的部位、区域、场所、空间、岗位、设备及其位置。它的实质是具有潜在危险的源点或部位,是爆发事故的源头,是能量、危险物质集中的核心,是能量从那里传出来或爆发的地方。危险源存在于确定的系统中,不同的系统范围,危险源的区域也不同。例如,对一个车间范围来说,某台设备可能就是一个危险源,而对一个设备系统来说,可能某个零部件就是危险源。因此,分析机械设备危险源应将其看作一个系统按不同层次来进行。

一、任务布置

本任务以卧式经济型数控车床和作业环境为主要对象,进行机械危险源、电气危险源、热危险源、噪声危险源、振动危险源、材料和物质产生的危险源、机器使用环境有关的危险源的采集和预防。

【知识目标】

(1)危险源辨识的概念。

(2)危险源辨识的目的。

【技能目标】

(1)会进行危险源的辨识和防范。

(2)会对危险源进行评价。

二、知识链接

(一)危险源辨识的概念

危险源辨识是发现、识别系统中危险源的工作。这是一件非常重要的工作,它是危险源控制的基础,只有辨识了危险源之后才能有的放矢地考虑如何采取措施控制危险源。

以前,人们主要根据以往的事故经验进行危险源辨识工作。例如,美国的海因里希建议通过与操作者交谈或到现场检查,查阅以往的事故记录等方式发现危险源。由于危险源是"潜在的"不安全因素,比较隐蔽,所以危险源辨识是件非常困难的工作。在系统比较复杂的场合,危险源辨识工作更加困难,需要许多知识和经验。下面简要介绍一下进行危险源辨识所必需的知识和经验:

(1)关于辨识对象系统的详细知识,诸如机床的构造、机床的性能、机床的运行条件、机床中能量、物质和信息的流动情况等。

(2)与系统设计、运行、维护等有关的知识、经验和各种标准、规范、规程等。

(3)关于辨识对象系统中的危险源及其危害方面的知识。

(二)危险源辨识的目的与防范

一般情况下,危险源辨识的目的就是通过对机床运行的分析,界定出机床中的哪些部分、区域是危险源,其危险的性质、危害程度、存在状况、危险源能量与物质转化为事故的转化过程规律、转化的条件、触发因素等,以便有效地控制能量和物质的转化,使危险源不至于转化为事故。可以说,对数控车床进行危险源辨识的目的是为了评价其安全性。

在我国现阶段开展危险源辨识及安全评价至少可以实现两个目的:其一,降低设备设计、生产、使用等过程中的安全风险,减少人身伤亡事故;其二,提高我国机械产品安全水平,增强国际竞争力。

面对近年来机械安全问题对人身安全和财产造成的危害,国家安全生产监督管理总局、国家标准化管理委员会等相关部门与机构,认真贯彻"安全第一、预防为主、标本兼治"的方针,制定和发布了一系列机械安全标准和技术规范。

1.危险源辨识方法

(1)对照法。与有关的标准、规范、规程或经验相对照来辨识危险源。有关的标准、规范、规程,以及常用的安全检查表,都是在大量实践经验的基础上编制而成的。因此,对照法是一种基于经验的方法,适用于有经验可供借鉴的情况。对照法的最大缺点:在没有可供参考先例的新开发系统的场合无法应用,它很少被单独使用。

（2）安全分析法。安全分析法是从安全角度进行的系统分析,通过揭示机床运行中可能导致系统故障或事故的各种因素及其相互关联来辨识系统中的危险源。安全分析方法经常被用来辨识可能带来严重事故后果的危险源,也可用于辨识没有事故经验的危险源。

2.危险源辨识的流程

（1）在确定的区域内辨识具体的危险源,可以从两方面着手:

一是根据已发生过的某些事故,查找其触发因素,然后再通过触发因素找出其现实的危险源。

二是模拟或预测机床内尚未发生的事故,追究可能引起其发生的原因,通过这些原因找出触发因素,再通过触发因素辨识出潜在的危险源。

（2）把通过各类事故查找出的现实危险源与辨识出的潜在危险源汇总后,得出确定的区域内的全部危险源。

3.数控车床必须采集的危险源

（1）机械危险源——加速、减速、活动零件、旋转零件、弹性零件、接近固定部件上的运动零件、角形部件、粗糙或光滑的表面、锐边、机械活动性、稳定性等。

（2）电气危险源——带电部件、静电现象、短路、过载、电压或在故障条件下变为带电零件等。

（3）热危险源——具有高温的物体(如铁屑)等。

（4）噪声危险源——操作过程中运动部件碰撞、刀具与工件挤压中的啸声等。

（5）振动危险源——机器或部件振动、运动部件偏离轴心、刮擦表面、不平衡的旋转部件等。

（6）材料和物质产生的危险源——易燃物、可燃物、爆燃物、氧化物等。

（7）与人类工效学原则有关的危险源——出入口、指示器和视觉显示单元的位置、控制设备的操作、照明、姿势、重复活动、可见度等。

（8）与机器使用环境有关的危险源——雨、雪、风、雾、温度、闪电、潮湿、粉尘、电磁干扰、污染等。

在工程机械发生的安全事故中,由于操作人员操作失误等原因引起的事故也占到了一定比例,故进行危险源辨识时也应结合其具体岗位的特点,把操作人员是否经过培训纳入危险源辨识中去。加大对从业人员的安全教育和培训,严格按照操作要求和操作流程,是有效避免人为事故发生的有效途径。

4.具体防范措施

（1）在布置安装机床时,必须对可能造成伤害的危险部分采取相应安全措施或设置安全装置。具体的做法是:

①运动部件之间、运动部件与静止物体之间应保持一定的安全距离,以防止挤压伤,否则应采取安全防护措施。

②机床的执行机构可能给操作者造成危险而又无法可靠地防护时,机床的控制系统应有能发出光或声响报警信号装置或联锁装置。

③由外部伸入到机床工作区内的夹紧螺钉、被夹紧的坯料等,应用防护罩、栅栏或挡板等隔离,或安放在适当的位置上和做适当的外形修整,以防碰撞伤人。

④机床应设置防止切屑飞溅的挡板。

⑤应有一个良好的生产现场环境,有足够的照明和通风,每台机床也应有适当的局部照明;机床布置合理,成品、半成品等物品按规定高度堆放整齐。

(2)作为操作者也要切实做好个人的安全防护工作。以下为通用机床安全操作基本要求:

①按规定穿戴好劳动防护用品。操作时必须扎紧袖口,束紧衣襟,严禁戴手套、围巾或敞开衣襟操作。

②检查设备上安全罩是否完好和关闭,各种保险、联锁、信号等安全装置必须灵敏、可靠,润滑系统是否畅通,并进行空转试验,设备应有良好接地,一切正常,否则不准开动。

③工件、夹具、磨具、刀具必须安装牢固。

④装卸重件时,应使用起重设备,并穿防砸安全鞋,遵守起重设备安全操作规程。

⑤开车前先要观察周围动态,有碍运转、传动的物件要先清除,加工点对面不准有人站立。机床开动后操作者要站在安全位置上,以避开机床运动部件和切屑飞溅。

⑥在机床停止旋转前,不准触及运动工件、刀具和传动部件;严禁隔着运转中的机床和传动部件传递或拿取工具等物品。

⑦调整机床行程、限位;装、夹、拆卸工件和刀具,测量工件,擦抹机床都必须停车进行。

⑧机床的导轨面上、刀架上、工作台上不得放置工具、量具或其他物品。

⑨不准用口或压缩空气吹的方法和用手直接清除切屑,应采用专门的工具清理;必须使用压缩空气清除切屑或切屑飞溅严重时,为了不危害其他操作人员,应在机床周围安装挡板,使操作区隔离,同时操作者应戴护目镜。

⑩两人或两人以上在同一台机床上工作时,必须有一人负责指挥,做到呼应配合。

⑪设备出现异常情况,应立即停车检查。当突然停电时,应立即切断电源。

⑫不准在机床运转时离开工作岗位,因故要离开,必须停车并切断电源。

⑬正确使用工具。要使用符合规格的扳手,不准加垫块或任意用套管。

⑭工作完毕,应切断电源,及时清扫工作场地的切屑、油污,保持通道畅通。

总之,对机械设备操作而言,积极辨识不同种类的危险源,并进行有效的预防和风险控制,是避免安全事故发生的关键工作之一。在市场全球化和我国机械行业快速发展的背景下,机械产品的安全性直接影响生产企业发展、用户权益,是关系到人身安全的一个重大问题。因此,机械设备操作危险源辨识作为安全生产的基础工作和提高生产与管理水平的重要技术,应进入产品整个寿命周期,使危险源辨识从最初的设计贯穿到事故预防控制乃至职业安全健康。继续全面开展危险源辨识工作,尽早形成覆盖行业的辨识标准或法规,减少事故发生,共同建设和谐美好的社会,是行业同仁努力实现的目标。

(三)危险源辨识、评价半定量分析 LEC 评价法

LEC 评价法是一种评价在具有潜在危险性环境中作业时的危险性半定量评价方法。它是用与系统风险率有关的 3 种因素指标值之积来评价系统人员伤亡风险大小的。这 3 种因素是:

L(likelihood)为发生事故的可能性大小。

E(exposure)为人体暴露在这种危险环境中的频繁程度。

C(consequence)为一旦发生事故会造成的损失后果。

取得这 3 种因素的科学准确的数据是相当繁琐的过程,为了简化评价过程,采取半定量

计值法,给 3 种因素的不同等级分别确定不同的分值,再以 3 个分值的乘积 D 来评价危险性的大小,即 $D=L \times E \times C$。D 值越大,说明该系统危险性大,需要增加安全措施,或改变发生事故的可能性,或减少人体暴露于危险环境中的频繁程度,或减轻事故损失,直至调整 D 值到允许范围内。表 1-1 为 L、E、C 分数值参考表。

表 1-1 L、E、C 分数值参考标准

	分数值	事故发生的可能性
	10	完全可以预料
	6	相当可能
事故发生的可能性(L)	3	可能,但不经常
	1	可能性小,完全意外
	0.5	很不可能,可以设想
	0.2	极不可能
	0.1	实际不可能
	分数值	暴露于危险环境的频繁程度
	10	连续暴露
	6	每天工作时间内暴露
暴露于危险环境的频繁程度(E)	3	每周一次或偶然暴露
	2	每月一次暴露
	1	每年几次暴露
	0.5	非常罕见暴露
	分数值	发生事故产生的后果
	100	大灾难、10 人以上死亡或造成重大财产损失
	40	灾难、3～9 人死亡或造成很大财产损失
发生事故产生的后果(C)	15	严重、1～2 人死亡或多人重伤或造成一定财产损失
	7	较重、1 人重伤致残或造成较小财产损失
	3	几人轻伤或造成较小财产损失
	1	引人注意、轻伤需要治疗救护、不造成财产损失

D(Danger)——危险性分值。根据公式就可以计算作业的危险程度,但关键是如何确定各个分值和总分的评价。根据经验,总分在 20 以下是被认为低危险的,这样的危险比日常生活中骑自行车去上班还要安全些;如果危险性分值达到 70～159,那就有显著的危险性,需要及时整改;如果危险性分值在 160～320,那么这是一种必须立即采取措施进行整改的高度危险环境;320 以上的高分值表示环境非常危险,应立即停止生产直到环境得到改善为止。危险等级的划分是凭经验判断的,难免带有局限性,不能认为是普遍适用的,应用时需要根据实际情况予以修正。危险等级划分如表 1-2 所示。

表 1-2　危险源危险程度(**D**)和等级划分参考标准

分数值	危险程度	危险等级
>320	极其危险	5
160～320	高度危险	4
70～159	显著危险	3
20～69	一般危险	2
<20	低危险	1

(四)数控车工危险源辨识、风险评价表

表 1-3 为数控车工危险源辨识、风险评估参考表。

表 1-3　数控车工危险源辨识、风险评估参考标准

作业活动	数控车工		作业场所	车间					
风险类型	危险源/危险因素	风险及其后果描述	事故类型	风险评估					控制措施
				L	E	C	D	风险等级	
人(操作人员)	操作时注意力不集中	造成误操作	机械、人身伤害	6	3	3	54	2	监督检查
	输入程序错误	损伤机器	机械伤害	3	1	3	9	1	监督检查
	未熟悉机床性能	设备损坏	机械伤害	3	1	7	21	2	监督检查
	机床滑板活动区域乱摆工具、量具	加工时碰撞飞出	机械、人身伤害	3	2	3	18	1	监督检查
	加工时未关防护门	工件、刀具弹出;铁屑、冷却液飞溅	物体打击	3	2	3	18	1	监督检查
	用手替代工具清屑	铁屑伤手	人身伤害	3	2	3	18	1	监督检查
	女生不戴工作帽,男生操作设备时吸烟	头发缠绕设备,吸烟遮挡视线等	人身伤害	3	2	3	18	1	监督检查
	主轴未停稳就测量或拆装工件、戴手套	扭伤手或损坏量具	人身伤害	3	2	3	18	1	监督检查
	穿凉鞋、高跟鞋,未穿工作服	跌倒、铁屑等划伤	人身伤害	3	2	3	18	1	监督检查
机(设备设施)	限位器、控制电气失灵	损坏设备、工件作废、伤人等	机械、人身伤害	3	1	3	9	1	监督检查
	电气线路破损、设备接地不良	短路、触电	人身伤害	3	1	7	21	2	监督检查
料(原材辅料)	刀具、辅具不合格,高速切削时断裂	打伤设备或人员	机械、人身伤害	6	1	3	18	1	监督检查

作业活动	数控车工		作业场所	车间					
风险类型	危险源/危险因素	风险及其后果描述	事故类型	风险评估					控制措施
				L	E	C	D	风险等级	
法（工艺规程、工艺设计）	工艺设计、编程参数不合理	工件弹出、刀具崩刀等	物体打击	3	3	3	27	2	监督检查
环（作业环境）	现场物品摆放多、铁屑未及时清理、加工时产生油烟等	有绊倒、划伤人的危险；油烟造成环境污染和危害操作人员健康	人身伤害	3	3	3	27	2	监督检查
	现场油污、积水未及时清理	使人滑倒	人身伤害	3	3	3	27	2	监督检查
管（制度规程）	不按操作规程和设备保养制度执行	设备精度降低或自动控制失灵	机械、人身伤害	6	3	7	126	3	监督检查

思考与练习

1.结合在校实习工种,谈谈对危险源的认知。

2.数控车工工作岗位危险源有哪些? 如何去防范?

3.试用 LEC 评价法对其他机械工种进行危险源辨识及风险评估。

任务二　数控车床的规范操作和安全保障

任务导入

数控车床的规范操作,不仅是保障人身和设备安全的需要,也是保证数控车床能够正常工作、达到技术性能、充分发挥其加工优势的需要。因此,在数控车床的使用和操作中必须严格遵循数控机床的规范,这样才能够对设备和操作人员提供必要的安全保障。

一、任务布置

本任务以卧式经济型数控车床操作规范为主要对象,学习数控车床操作安全注意事项和数控车床发生碰撞安全事故的一般规律以及有关碰撞的预防和解决方法。

【知识目标】

(1)熟悉数控车床规范操作流程。

(2)熟悉数控车床操作安全注意事项。

(3)熟悉数控车床发生碰撞安全事故的一般规律和预防措施。

【技能目标】

(1)会依据操作流程规范操作数控车床。

(2)会正确处理数控车床发生碰撞的解决方法。

二、知识链接

(一)数控车床的规范操作流程

1.安全操作基本注意事项

(1)工作时请穿好工作服、安全鞋,戴好工作帽及防护镜,不允许戴手套操作车床。

(2)不要移动或损坏安装在机床上的警示标牌。

(3)不要在机床周围放置障碍物,确保工作空间足够大。

(4)绝不允许两人同时操作同一台数控车床。

(5)操作人员必须在完全清楚操作步骤的情况下进行操作,遇到问题应立即向指导教师询问,禁止在不知道规程的情况下进行尝试性操作。

2.开机前的注意事项

(1)机床通电前,先检查电压、气压、油压是否符合工作要求。

(2)检查机床可动部分是否处于可正常工作状态。

(3)检查工作台是否有越位、超极限状态。

(4)检查电气元件是否牢固,是否有接线脱落。

(5)检查机床接地线是否和车间地线可靠连接(初次开机时特别重要)。

(6)已完成开机前的准备工作后方可合上电源总开关。

3.开机过程注意事项

(1)严格按机床说明书中的开机顺序进行操作。

(2)一般情况下开机过程中必须先进行回机床参考点操作,建立机床坐标系。

(3)开机后让机床低速空运转 10min 以上,使机床进行预热。

(4)关机以后必须等待 3min 以上才可以再次开机,没有特殊情况不得随意频繁进行开机或关机操作。

4.调试过程注意事项

(1)编辑、修改、调试好程序。若是首件试切必须进行空运行模拟,确保程序正确无误。

(2)按工艺要求安装、调试好夹具,并清除各定位面的铁屑和杂物。

(3)按定位要求装夹好工件,确保定位正确可靠。不得在加工过程中发生工件松动现象。

(4)安装好所要用的刀具,必须使刀具在刀库(刀架)上的刀位号与程序中的刀号严格一致。

(5)按工件上的编程原点进行对刀,建立工件坐标系。

(6)设置好刀具半径补偿值。

(7)确认冷却液输出通畅,流量充足。

(8)再次检查所建立的工件坐标系是否正确。

(9)以上各点准备好后方可加工工件。

5.程序运行注意事项

(1)刀具要距离工件200mm以上。

(2)光标要放在主程序头。

(3)检查机床各功能按键的状态是否正确。

(4)启动程序时一定要一只手按开始按钮,另一只手按停止按钮,程序在运行当中手不能离开停止按钮,如有紧急情况立即按下停止按钮。

6.加工过程注意事项

(1)加工过程中,不得调整刀具和测量工件尺寸。

(2)自动加工中,自始至终监视运转状态,严禁离开机床,遇到问题及时解决,防止发生不必要的事故。

(3)定时对工件进行检验,确定刀具是否磨损等情况。

(4)关机时或交接班时对加工情况、重要数据等做好记录。

(5)机床各轴在关机时远离其参考点,或停在中间位置,使工作台重心稳定。

7. 加工结束后注意事项

(1)清除切屑、擦拭机床,使机床与环境保持清洁状态。

(2)注意检查或更换磨损坏了的机床导轨上的油擦板。

(3)检查润滑油、冷却液的状态,及时添加或更换。

(4)依次关掉机床数控系统操作面板上的电源和机床总电源。

(二)数控车床的安全保障

随着科技的发展和社会的进步,数控机床技术不断发展,其功能越来越完善,性价比也越来越高,在机械行业中已得到广泛应用。而随着数控车床在企业中越来越普及,数控车床教学也在职业学校中普遍开展起来。在数控车床的学习、使用过程中,编制程序和操作加工要尽量避免碰撞安全事故的发生。

1.掌握一定的编程技巧

程序编制是数控加工至关重要的环节,提高编程技巧可以在很大程度上避免一些不必要的碰撞安全事故。

(1)编程时,对于换刀要注意留给刀具足够的空间位置(尤其是镗孔刀),要在机床上实际测量确定换刀点坐标。如遇工件较长需顶尖支撑,更应特别注意。

(2)同一条程序段中,相同指令(相同地址符)或同一组指令,前面的指令不起作用,而是执行后面出现的指令。例如:

G01

G02 X30.0 Z20.0 R10;

执行的是 G02。

(3)应选择适当的加工顺序和装夹方法,以确保加工的可行性。遵循基面先行、先粗后精、先近后远、内外交叉等一般性加工原则确定加工顺序,编写加工程序。

(4)工件切槽加工,在编程时要注意进退刀点应与槽方向垂直,靠近工件阶台的进刀速度不能以"G00"速度,避免刀具与工件相撞。进退刀时尽量避免"X、Z"同时移动使用,如:进刀定位时先定 Z 轴,再定 X 轴;退刀时先退出 X 轴,再定位 Z 轴。同时,由于切槽刀刀头有两个刀尖,编程时刀尖点必须与对刀点相同,避免切槽时出现一个刀宽的误差。

(5)加工工件内孔过程中,当镗削完成时,如果需要镗刀快速退出内孔回至工件端面外X100mm、Z100mm 处,用 G00 X100 Z100 编程,这时机床将两轴联动,则镗刀将与工件发生碰撞,造成刀具与工件损坏,严重影响机床精度。这时可采用两个程序段"G00 Z100;G00 X100",即刀具先退至端面外 Z100mm 处,然后再返回 X100mm 处,这样便不会碰撞。

(6)G70,G73 等循环指令执行后的最后一刀是从程序终点快速返回程序起点,为了避免车刀从终点快速返回起点时撞向工件,在设置起点时应注意终点与起点的连线必须在工件之外,不能跟工件的任一位置交叉,否则退刀时会出现碰撞。特别是 G70 精加工循环指令的起点位置更应该注意。在对指令走刀路线不熟悉的情况下,建议将 G70 的起点坐标设在其他粗加工循环指令的起点位置上。

(7)"G92"指令执行之后,系统默认的走刀速度是每转移动一个螺距的速度,所以"G92"程序段后面若紧跟"G01"或"G02"等指令的程序段,必须重新设置 F 值。不然,在高速启动主轴的情况下,系统按螺纹加工的走刀速度执行,会出现两种情况:一种是机床不动,伺服系统报警;第二种是刀具移动速度非常快(大于 G00),造成撞车事故。同时,普通螺纹加工时刀具起点位置要相同,Z 轴的起点、终点坐标要相同,避免乱扣和锥螺纹产生。

总之,掌握数控车床的编程技巧,不但能很好地提高加工效率、加工质量,更能避免加工中出现不必要的错误,这需要在实践中不断总结经验。

2.进行必要的程序安全检查

(1)利用计算机模拟仿真系统。随着计算机技术的发展,数控加工模拟仿真系统功能越来越完善,已能模拟数控车床编程操作的整个过程。因此可用于初步检查程序,观察刀具的运动,判断是否产生碰撞。

(2)利用数控系统自带的模拟显示功能。较为先进的数控系统都带有图形显示功能。当输入程序后,可以调用图形模拟显示功能,详细地观察刀具的运动轨迹,以便检查刀具与工件是否会出现碰撞。

(3)利用数控车床的空运行功能。利用数控车床的空运行功能可以检查走刀轨迹的正确性。当程序输入机床后,可以装上刀具或工件,并进行对刀,对刀完毕,将工件取下,然后按下空运行按钮,此时刀架按程序轨迹自动运行,此时便可以发现刀具是否有可能与工件或夹具发生碰撞。在这种情况下必须保证卡盘上没有安装工件,否则会发生碰撞。

(4)利用数控车床的锁定功能。一般的数控车床都具有锁定功能,当锁住开关为 ON时,机床不运动,但位置坐标的显示和机床运动一样,并且 M、S、T 都能执行。当输入程序后,锁定 X 轴、Z 轴,自动运行加工程序,通过 X 轴、Z 轴的坐标值判断是否会发生碰撞。

3.避免错误操作

(1)操作人员对键盘功能键具体含义不熟悉,操作不熟练,对机床功能参数误修改,易造成撞车等事故。

(2)在输入刀补值时,有时"+"号输成"-"号,"1.50"输成"150","X"轴输成"Z"轴,"3"号刀的刀补值输在"2"号刀的位置上等。经常会出现机床启动后刀具在执行刀补时直接冲向工件及卡盘,造成工件报废、刀具损坏、机床卡盘撞毁等事故。

(3)回零或回参考点时顺序应为先 X 轴后 Z 轴方向,如果顺序不对,机床拖板就有可能和机床尾架相撞。

解决方法:操作者在没有完全弄懂数控车床功能前尽量不要修改系统功能参数,一定要弄清基本原理,严格按照操作规程进行操作,输入程序或刀补数值后应反复检查后方可操作。

思考与练习

1.简述数控车床的规范操作流程。

2.数控车床加工程序安全检查有哪几种方法?

3.数控车床发生碰撞安全事故的预防措施主要有哪些?

任务三 紧急情况的处置

任务导入

机械制造行业常见的操作安全事故有机械伤害事故、触电事故等。只有建立有效的防范和处理紧急情况、事故的工作机制,遇到紧急情况时才能够反应迅速、指挥得力、组织协调、妥善处理,保证操作者生命安全和单位财产安全,把损失减小到最低程度。

一、任务布置

本任务主要以安全事故案例分析为主要对象,学习机械伤害事故紧急处置、触电事故紧急处置和防范措施。

【知识目标】

(1)熟悉机械伤害事故应急措施。

(2)熟悉机械伤害事故的防范措施。

(3)了解机械设备触电事故的应急措施。

【技能目标】

会进行紧急情况的安全处置。

二、知识链接

(一)机械伤害事故紧急处置

1.案例

(1)某高校一位男生在数控车床实习课即将结束时,指导教师要求学生停车清理工作现场,但该同学工作积极性高,想再多操作一会儿机床,争取把零件全部加工完。当用螺纹车刀车削螺纹时,因进刀量选择不合理,铁屑缠绕工件。该同学心急求快,用戴着手套的手去拉拔切屑,手套连同手一起被绞了进去。虽然指导教师及时切断了电源,但该同学的中指和食指还是落下了终身残疾。

事故分析：

该同学安全意识淡薄，未按照指导教师要求进行实习，并且在实习中违法了"严禁戴手套操作"和"严禁用手清除切屑"等安全操作规程，造成了不该发生的人身伤害事故。

（2）某公司机械加工车间数控车床操作工张某，在经济型数控车床上加工零部件。当时磁性表座（千分表）放在中滑板上，他用100r/min的转速校正零件的装夹误差后，没有停车，左手就从转动的零部件上方跨过去拿磁性表座等。由于人体靠近零部件，衣服下面两个衣扣未扣，衣襟散开，被零部件的突出支臂钩住。一瞬间，张某的衣服被绞入零部件和轨道之间，头部受伤严重，张某顿时疼昏过去。经医院抢救，还是落下了终身残疾。

事故分析：

从事机械加工人员必须穿戴好防护用品，上衣要做到"三紧"，女同志要戴好工作帽。同时规定不准跨过转动的零部件拿取工具。这是一起严重违反操作规定和工作服穿戴不规范而引起的重大事故。教训告诉我们，遵章守纪，安全才有保障。

2.机械设备伤害事故应急措施

发生各种机械伤害时，应先切断电源，再根据伤害部位和伤害性质进行处理。

（1）对轻伤人员，可一边通知急救医院，一边进行现场救护。

（2）如人员昏迷、伤及内脏、发生骨折，应立即联系120急救车或距现场最近的医院，并说明伤情。

（3）如遇外伤大出血，急救车未到前应在现场采取止血措施。对可能伤及脊椎、内脏或昏迷者一律用担架或平板，严禁用搂、抱、背、抬肩抬脚等方式运输伤员。

（4）对不明伤害部位和伤害程度的重伤者，应及时通知医院，不要盲目进行抢救，以免引起更严重的伤害。

（5）如确认人员已死亡，应立即保护现场。

3.手外伤的急救原则

机械伤害人体最多的部位是手，因为手在劳动中与机械接触最为频繁。

发生断手、断指等严重情况时，对伤者伤口要进行包扎止血、止痛、半握拳状的功能固定。对断手、断指应用消毒或清洁敷料包好，忌将断指浸入酒精等消毒液中，以防细胞变质。将包好的断手、断指在无泄漏的塑料袋内，扎紧袋口，在袋周围放上冰块（或用冰棍代替）速随伤者送医院抢救。

4.防止机械伤害事故的防范措施

机械加工设备由于运转速度快，在运转过程中，操作人员如不熟练操作或违反操作规程，很容易造成严重伤害和死亡事故。为预防机械设备伤害和死亡事故发生，针对以上事故原因，可采取以下几条措施：

（1）消除麻痹侥幸心理。有些同志工作蛮干，在"不可能意识"的行为中，发生了安全事故。

（2）正确佩戴或使用安全防护用品，严格执行安全规章制度和安全操作规程。

（3）检修机械设备必须严格执行断电、挂"禁止合闸"警示牌和设专人监护的制度。机械断电后，必须确认其惯性运转已彻底消除后才可进行工作。机械检修完毕，试运转前，必须对现场进行细致检查，确认机械部位人员全部彻底撤离才可取牌合闸。检修试机时，严禁有人留在设备内进行点动试机。

（4）禁止违规使用非专用工具、设备或用手代替工具作业。

（5）严禁酒后上班、擅自离岗、做与本职工作无关的事。禁止危险玩笑、嬉笑行为以及工作中注意力不集中等行为。

（6）严禁机械、电气设备"带病"作业。

（7）严禁设备安装不规范、维修保养不标准、使用超期、老化等。

（8）各机械开关布局必须合理，必须符合两条标准：一是便于操作者紧急停机；二是避免误开动其他设备。

（二）触电事故紧急处置

1.发生触电事故的主要原因

人身触电是经常发生的一种电气事故，它会造成人员电伤或死亡。假如人们在工作和生活中不注意安全使用电气设备和电气工具，就可能发生触电事故，如果再加上不懂或不会正确救护，那就有可能导致人员伤亡，给社会和家庭造成不幸。所以必须要做好人身触电预防并懂得触电救护知识。

统计资料表明，大部分触电事故由以下几项原因引起：

（1）缺乏电气安全知识，如：线路断线后不停电、用手去拾相线、手摸带电体等。

（2）违反操作规程，如：带电接线、触及破损的导线、带电修理电动工具、带电移动电气设备、用湿手装拆灯泡、使用电动器具操作不当等。

（3）设备不合格，安全距离不够，如：接地电阻过大、接地线未接或质量不合格等。

（4）设备老化失修，如大风刮断线路或刮倒电杆使电线垂落地面、胶盖刀开关的胶木损坏未及时更换、电动机导线破损外壳长期带电、设备外壳带电等。

（5）其他偶然因素，如夜间行走触碰断落地面的带电导线等。

2.触电事故案例

2004年9月，在上海的一个建筑工地上发生了一起触电事故。当天下午，水暖工陆某携带工具到新建的楼房内开凿热水管墙槽。当送水管的工友来到现场时，发现陆某躺在地上，不省人事，于是一边呼救，一边向工地负责人报告。项目部得到消息，立即组织人员将陆某送往医院，但经抢救无效死亡。根据现场调查，事故原因是陆某在开墙槽作业时，由于操作不慎，切割机割破了电线绝缘皮而导致触电。

3.电流对人体的危害

电流通过人体产生的热效应会造成人体电灼伤，它引起的化学效应会造成电烙印和皮肤金属化，其产生的电磁场能量对人体的辐射会导致人头晕、乏力和神经衰弱。

电流通过人体非常危险，尤其是通过心脏、中枢神经和呼吸系统危害性更大。电流通过人体的头部会使人立即昏迷甚至死亡；通过人体脊髓时会使人肢体瘫痪；通过中枢神经或有关部位会导致中枢神经系统失调而死亡；通过心脏会引起心室颤动致使心脏停止跳动而死亡。电流对人体的影响如表1-4所示。

表 1-4 电流对人体的影响

电流/mA	对人体的影响	
	交流电(50Hz)	直流电
0.6~1.5	手指麻刺	无感觉
2~3	手指强烈麻刺、颤抖	无感觉
5~7	手部痉挛	热感
8~10	手部剧痛,勉强可以摆脱电源	热感增多
20~25	手部迅速麻痹、不能站立、呼吸困难	手部轻微痉挛
50~80	呼吸麻痹、心室颤动	手部痉挛、呼吸困难
90~100	呼吸麻痹、心室经 3s 以上颤动即发生麻痹停止跳动	呼吸麻痹

4. 触电事故应急处置

(1)截断电源,关闭插座上的开关或拔除插头。如果够不着插座开关,就关闭总开关。切勿试图关闭那件电器用具的开关,因为很可能正是那个开关漏电。

(2)若无法关闭开关,可站在绝缘物上,如一叠厚报纸、塑料布、木板之类,用扫帚或木椅等将电源拨离伤者,或用绳子、裤子或任何干布条绕过伤者腋下或腿部,把伤者拉离电源。切勿用手触及伤者,也不要用潮湿的工具或物件施救。

(3)如果患者呼吸心跳停止,应进行人工呼吸和胸外心脏按压。切记不能给触电的人注射强心针。若伤者昏迷,则应将其身体放置成侧卧式。

(4)若伤者身体遭烧伤,或感到不适,必须叫救护车,或立即送伤者到医院急救。

(5)高空出现触电事故时,应截断电源后把伤者抬到附近平坦处再进行急救。

(6)现场抢救触电者的经验原则:

①触电者脱离电源后在现场附近就地抢救,病人有意识后再就近送医院。从触电时算起,5min 以内抢救的救生率约为 90%,10min 以内抢救,救生率降至 6.15%。

②只要有百分之一的希望,就要尽百分之百的努力抢救。

5. 生产车间触电事故预防及控制措施

电气事故总是不能杜绝,其原因是多方面的。除设备缺陷外,很多事故都是由于人们思想上对电气安全重视不够,口头上讲"安全第一",但行动上往往是发生了问题才真正重视。所以要做到电气安全,必须在思想上对安全生产真正高度重视,严格按规程规范设计、安装、调试和运行,管理好电气装置,在工作中一定要做到一丝不苟,认真负责。

(1)持证上岗,非电气专业人员不准进行任何电气部件的更换或维修。

(2)建立用电检查制度,对现场的各种线路和设计进行定期检查和不定期抽查,并将检查、抽查记录存档。

(3)检查和操作人员必须按规定穿戴绝缘胶鞋、绝缘手套,使用电工专用绝缘工具。

(4)施工机具、车辆及人员,应与线路保持安全距离。达不到规定的最小距离时,必须采用可靠的防护措施。

(5)应保持配电线路及配电箱和开关箱内电缆、导线对地绝缘良好,不得有破损、硬伤、带电体裸露、电线受挤压、腐蚀、漏电等隐患,以防突然出事。

（6）为了在发生火灾等紧急情况时能确保现场的照明不中断,配电箱内的动力开关与照明开关必须分开使用。

（7）配电箱及开关箱周围应有可容纳两人同时工作的空间和通道,不要在箱旁堆放杂物。

（8）电动工具的使用应符合国家标准的有关规定。工具的电源线、插头、插座及外绝缘应完好,电源线不得任意接长和调换,应有专人负责维修和保管。

思考与练习

1.机械设备伤害事故的应急措施有哪些?

2.如何预防机械伤害事故?

任务四　职业素养和工作现场的 6S 管理

任务导入

"6S"即整理、整顿、清扫、清洁、素养、安全。6S 是现场管理的基本要求,是为现场服务的,它是研究人、物、现场三者关系的一种科学方法,是用来建设和保障质量环境的一种技术,是强有力的质量工具与安全保障措施。

一、任务布置

本任务主要以职业素养和 6S 管理为主要对象,学习职业素养的基本要求、工作现场的 6S 管理及作用。

【知识目标】

（1）了解职业道德的概念。

（2）熟悉职业素养的基本要求。

（3）熟悉工作现场的 6S 管理。

【技能目标】

会进行工作现场 6S 管理。

二、知识链接

（一）职业道德概念

职业道德就是同人们的职业活动紧密联系的符合职业特点所要求的道德准则、道德情操与道德品质的总和,它既是对本职人员在职业活动中行为的要求,又是职业对社会所负的道德责任与义务。

(二)职业素养的基本要求

1.爱岗敬业——成功源于敬业

一个中国留学生在日本东京一家餐馆打工,老板要求洗盆子时要刷6遍。一开始他还能按照要求去做,刷着刷着,发现少刷1遍也挺干净,于是就只刷5遍。后来,他发现再少刷1遍还是挺干净的,于是又减少了1遍,只刷4遍,并暗中留意另一个打工的日本人,发现他还是老老实实地刷6遍,速度自然要比自己慢许多,便出于"好心",悄悄地告诉那个日本人说:"可以少刷1遍,看不出来的。"谁知那个日本人一听,竟惊讶地说:"规定要刷6遍,就该刷6遍,怎么能少刷1遍呢?"如果你是老板,你希望用哪种心态的员工?

国外一家调查显示:学历资格已不是公司招聘首先考虑的条件,大多数雇主认为,正确的工作态度是公司在雇用员工时最优先考虑的,其次才是职业技能,接着是工作经验。毫无疑问,工作态度已被视为组织遴选人才时的重要标准。

爱岗敬业是一种精神;爱岗敬业是一种态度;爱岗敬业更是一种境界。

2.遵纪守法,诚实守信

诚实是指言行跟内心思想一致,不弄虚作假、不欺上瞒下,做老实人、说老实话、办老实事。守信就是遵守自己所作出的承诺,讲信用、重信用,信守诺言,保守秘密。诚实守信是做人的基本准则,是人们在古往今来的交往中产生的最根本的道德规范,其基本要求是:①做老实人,说老实话,办老实事,不搞虚假;②保密守信,不为利益所诱惑。

3.和睦互助,团结协作

世界上的植物当中,最雄伟的当属美国加州的红杉。它的高度大约为90米,相当于30层楼那么高。一般来讲,越是高大的植物,它的根应该扎得越深。但是红杉的根只是浅浅地浮在地表而已。通常根扎得不深的植物,是非常脆弱的,只要一阵大风,就能把它连根拔起,更何况红杉这么雄伟的植物呢?可是红杉却生长得很好,这是为什么?原来,红杉不是独立长在一处,而是一片一片地生长,长成红杉林。

人类每个个体的力量也都是有限的,不管伟人还是平常百姓。人要想用有限的能力,创造惊世伟业,必须善用众人的智慧和力量。

4.慎独

"慎独"是我国古代儒家创造出来的具有我国民族特色的自我修身方法。所谓"慎独",是指人们在独自活动、无人监督的情况下,凭着高度自觉,按照一定的道德规范行动,而不做任何有违道德信念、做人原则之事。这是进行个人道德修养的重要方法,也是评定一个人道德水准的关键性环节。"慎独"二字最先见于《礼记·中庸》:"君子戒慎乎其所不睹,恐惧乎其所不闻。莫见乎隐,莫显乎微,故君子慎其独也。"慎独是一种情操;慎独是一种修养;慎独是一种自律;慎独是一种坦荡。

(三)工作现场的"6S"管理

"6S"即整理、整顿、清扫、清洁、素养、安全,6S是现场管理的基本要求,是为现场服务的。它是研究人、物、现场三者关系的一种科学方法,是用来建设和保障质量环境的一种技术,是强有力的质量工具与安全保障措施。

1."6S"的发展

早在1955年日本就提出了"安全始于整理整顿,终于整理整顿"的宣传口号。当时他们只推行了前两个"S",即"整理、整顿",其目的仅为了确保作业空间和安全。后因生产和品质控制的需要而又逐步提出了后面的"3S",即"清扫、清洁、素养",形成了后来的"5S"管理活动,从而使其应用空间及适用范围进一步拓展。

1986年,随着日本的"5S"管理的著作逐渐问世,对整个现场管理模式起到了冲击的作用,并由此掀起了"5S"管理热潮。二战后许多日本企业导入"5S"管理活动使得产品质量得以迅猛提升,丰田汽车公司正是因为"5S"管理的有效推行,奠定了精益生产方式的基础。随着管理的要求及水准的提升,后来有些企业又增加了其他的"S",如安全(Safety),成为"6S"管理。

图1-1所示为"6S"的发展。

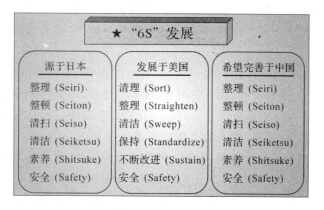

图1-1 "6S"的发展

2. "6S"现场管理的目的

"6S"现场管理的目的:提升人的品质,优化人文环境;追求低成本、高效率、高品质;消除浪费,实现企业利润最大化。具体如图1-2所示。

图1-2 "6S"现场管理的目的

"6S"活动得以彻底推进的企业,可以看到以下现象:

(1)员工主动遵守规定。

(2)员工守时,各项活动能够准时集合。

(3)管理状态一目了然。

(4)员工的作业速度快捷有序,充满干劲。

(5)员工的精神面貌良好,对人彬彬有礼。

3."6S"现场管理的作用

(1)提升公司形象。干净整洁的工作环境,容易吸引顾客,使顾客对公司产生信任感。公司有信心吸引顾客、合作伙伴、社会团体来观摩学习,同时吸引更多的优秀人才加入公司。

(2)营造团队精神。创造良好的企业文化,增强员工的归属感。共同的目标拉近了员工间的距离,从而建立团队感情。同时,员工养成良好的习惯,变成有教养的员工,容易塑造良好的企业文化。

(3)减少浪费。"6S"管理中的八大浪费,即资金的浪费、场所的浪费、人力的浪费、士气的浪费、形象的浪费、效率的浪费、品质的浪费、成本的浪费,均能得到有效遏制。

(4)保障品质。工作使人养成认真、一丝不苟的习惯,品质自然有保障。

(5)改善情绪。清洁、整齐、优美的工作环境带来美好的心情,员工工作起来会更认真。上司、同事、下级谈吐有礼,举止文明,给人一种被尊重的感觉,容易融入公司这个大家庭中。

(6)提高效率。工作环境优美,工作氛围融合,同时工作伙伴有素养,工作自然得心应手。物品摆放整齐,一目了然的工作场所,不用花时间寻找,工作效率自然提高。

(7)安全保障。各种区域清晰明了,通道明确、畅通,不随意摆放物品。

4."6S"对个人而言的意义

"6S"管理,使您的工作环境更舒适;使您的工作更方便;使您的工作更安全;使您更容易和周围的同事进行交流……

(四)"6S"管理的开展

1.整理、整顿

整理的目的:腾出空间,防止误用。

实施要点:

(1)清除垃圾或无用、可有可无的物品。

(2)明确每一项物品的用处、用法、使用频率,加以分类。

(3)根据上述分类清理物品,现场只保留必要的物品,清理垃圾和无用物品。

区分要与不要:

(1)不再使用的,坚定不移地处理掉。

(2)使用频率很低的,放进库房,标识并妥善保管。

(3)使用频率较低的,放在你周围的如柜子或工具箱内。

(4)经常使用的,留在工作场所。

要领:

全面检查,包括看见和看不见的物品,制定要与不要的判断标准,不要的彻底清除,要的调查使用频率,决定日常用量,每日自我检查,如表1-5所示。

表 1-5　整理、整顿处置方法

类别	使用频率		处置方法	备注
必需品	每小时		放工作台上或随身携带	
	每天		现场存放(工作台附近)	
	每周		现场存放	
非必需品	每月		仓库存储	
	每三个月		仓库存储	定期检查
	半年		仓库存储	定期检查
	一年		仓库存储(封存)	定期检查
	两年		仓库存储(封存)	定期检查
	未定	有用	仓库存储	定期检查
		不需要用	废弃/变卖	定期检查
	不能用		废弃/变卖	定期检查

整顿的目的:腾出时间,减少寻找时间。

实施要点:

(1)在整理的基础上合理规划空间和场所。

(2)按照规划安顿好每一样物品,各得其所。

(3)做好必要的标识,令所有人都清楚。

要领:

(1)"三定"原则:定点、定容、定量。

(2)要站在新人的立场明确物品的放置场所,"三十秒内"找到想要的物品,同时使用后易复位,没有复位或误放时"六十秒内"能知道。

2.清扫、清洁

清扫的目的:消除"脏污",保持现场干净明亮。

实施的要点:

(1)在整理、整顿的基础上,清洁场地、设备、物品,形成干净的工作环境。

(2)最高领导以身作则,人人参与,清扫区域责任到人,不留死角。

(3)一边清扫,一边改善设备状况。

(4)寻找并杜绝污染源,建立相应的清扫基准。

步骤:

(1)建立室内外责任区。

(2)进行一次场地的大清扫,把每个地方都清扫干净。

(3)调查污染源,予以杜绝或隔离。

（4）建立清扫基准规范，创建点检表。

（5）按清扫基准规范，保持。

清洁的目的：制度化以维持前"3S"的成果。

实施的要点：

（1）不断进行整理、整顿、清扫，彻底贯彻前"3S"。

（2）坚持不懈，不断检查、总结，以持续改进。

（3）将好的方法与要求纳入管理制度与规范，由突击运动转化为常规行动。

要领：

（1）"6S"一旦开始不可半途而废，否则就会成为实践场地的一个污点，形成保守而僵化的局面。

（2）打破保守而僵化的现象，唯有花费更长的时间予以纠正，形成新的氛围。

步骤：

（1）制定考核方案和奖惩制度。

（2）加强检查。

（3）制定看板管理基准。

3.素养、安全

素养的目的：提升员工修养，实现员工的自我规范。

实施的要点：

（1）继续推动以上"4S"直至习惯化。

（2）制定相应的规章制度。

（3）教育培训、激励，将外在的管理要求转化为自身的习惯、意识，使上述各项活动变成自觉意识。

安全的目的：将安全事故发生的可能性降为零。

实施的要点：

（1）建立系统的安全管理制度。

（2）重视安全培训教育。

（3）实行现场巡视，排除隐患。

（4）创造明快、有序、安全的工作环境。

（五）实施"6S"的典型效果

如图1-3所示为某优秀企业实施"6S"工作现场的典型案例。实施"6S"后的效果并不在于做到后层次的高低（层次的高低取决于一个单位的经济实力及面对的目标群体的定位），而在于让大家认识到无论在生产、办公还是在生活区域都是可以用"6S"的方法去清理我们的环境，去整理我们的思维。

管理无大小，管理无止境，唯用心、精细、精确和精益，才能提高效率，杜绝事故的发生。

(a) 目视管理车间(一)　　　　　　　　(b) 目视管理车间(二)

(c) 形迹管理工具

图 1-3　工作现场的"6S"管理

思考与练习

1. 什么叫"慎独",根据自己的实际情况,谈谈如何做到"慎独"?
2. 职业素养的基本要求有哪些?
3. 工作现场"6S"管理的含义有哪些?

任务五　质量意识与产品质量管理

**任务导入**

质量意识是一个企业从领导决策层到每一个员工对质量和质量工作的认识,对质量行为起着极其重要的影响和制约作用。

一、任务布置

本任务主要以质量意识和产品质量管理为主要对象,学习对质量意识的认知、所起作用以及产品质量管理的特点。

【知识目标】

(1)建立质量意识的认知。

(2)熟悉质量意识的具体作用。

(3)熟悉现代企业质量保证体系的 PDCA 循环。

【技能目标】

掌握现代企业产品质量管理的基本方法。

二、知识链接

(一)质量意识

1.构成心理

(1)对质量的认知。所谓对质量的认知,就是对事物质量属性的认识和了解。任何事物都有质量属性,这种属性只有通过接触事物的实践活动才能把握。一般说来,人们总是先接触事物的数量属性,例如事物的大小、多少,然后才可能接触事物的质量属性。质量相对于数量,可能更难把握。通常情况下,数量可能是事物的现象,而质量可能涉及事物的本质。要认知事物的本质,没有一番艰苦的过程,往往是不行的。因此,对质量的认知过程可能比对数量的认知过程更长,也更难一些。从这个角度看,对质量的认知更需要通过教育培训来强化。对员工来说,他们对产品质量特性、质量重要性的认知,仅仅通过自发的、盲目的、放任自流的实践过程是很不够的,加强对员工的质量教育、培训很有必要。

(2)对质量的信念。对质量的认知是解决"什么是质量"的问题,而对质量的信念是解决"质量应当怎样"的问题。质量信念往往可以使人形成一种质量意志,也就是在具体的工作中,能够左右员工去完成相应的质量要求。质量信念还可能左右人对质量的情感,使员工对产品质量和质量工作形成热爱的情感。从心理学角度看,质量信念联系着与质量相关的知、情、意三个方面,在质量意识中具有核心作用。当然,质量认知是形成质量信念的基础,但仅仅有质量认知往往并不一定能形成质量意志,也不一定能产生对质量的情感。也就是说,质量认知还不能起到控制人的质量行为的作用。事实上,企业中不少人,包括一些厂长经理,说起质量来头头是道,但由于其没有树立起质量信念,依然不把质量当回事。从这个角度来说,树立质量信念的意义更重要。

(3)相关的质量知识。所谓质量知识,包括产品质量知识、质量管理知识、质量法制知识等。一般说来,质量知识越丰富,对质量的认知也就越容易,对质量也越容易产生坚定的信念。质量知识丰富,也能够提升员工的质量能力,从而使其产生成就感,增强对质量的感情。可以说,质量知识是员工质量意识形成的基础和条件。但是,质量知识的多少和质量意识的强弱并不一定成正比。质量意识是质量方针在员工思想中的扩展内容。

2.功能

质量意识在产品质量形成中的作用是不言而喻的。质量意识差,是工作质量差的根本原因。心理状态不佳,可能造成差错,发生质量事故,但毕竟是偶发性的。质量能力弱,工作质量当然不会好,但能力弱可以通过学习训练来提高。产品质量长期上不去,工作质量经常出差错,追究起来,往往就追究到质量意识上。质量意识如何,往往可以衡量一个员工的工作质量,也可以衡量一个组织的质量管理成效。

ISO9004:2000 专门规定了"能力、意识和培训",把质量意识与质量能力并列,作为培训的主要内容。关于意识的培训,比能力的培训规定得更具体、更详细。从字面上看,其中一些内容,例如"文化和社会的习俗""组织未来的设想"之类,似乎与质量无关,但那正说明质量意识所需要的知识、思想、信念等是相当广泛的。质量意识具有对员工质量行为的控制功能,使其行为符合质量意识的要求。特别是在质量遇到冲击而出现波动的情况下,质量意识往往能够坚定员工质量意识所指导的行为,不因为外界的干扰而动摇或改变自己的质量行为。

质量意识又具有对质量的评价功能。这种评价功能不是判断产品质量水平的能力,而是质量意识在对产品质量、工作质量和质量管理功能的价值评价中的具体表现,反映了员工的价值观,或者说是质量在员工价值观中所占的地位及所起的作用。质量意识在工作中还具有调节功能。员工在工作中必然会遇到各种各样的问题,包括对质量的干扰、冲击、损害等,需要员工进行必要的调节。质量意识就能起到这样的调节功能。

3. 具体作用

(1)对行为的方向性和对象的选择,具有调节作用。意识能够驱使人们趋向或逃离某种对象或事物,影响着一个人对某事、某物或某人做出他个人的选择。员工对产品质量的意义(特别是与自身利益的关系)有深刻认识,对质量工作抱有肯定态度,就会乐意参加质量管理,重视工作质量;相反,质量意识淡薄,态度不端正,就会反感质量管理活动,忽视工作质量。

(2)对信息的接受、理解与组织作用。一般来说,人们对有深刻认识并抱有积极态度的事物容易接受,感知也清晰;对没有认识并抱有消极态度的事物则不容易接受,感知模糊,有时甚至歪曲事实。质量教育的实践表明,质量意识强的员工,学习积极性高,学得快,学得好;相反,质量意识差的员工,学习往往出现困难,学不好,记不牢。意识和态度对信息还具有"过滤"作用,这种作用甚至会反映到实际操作中。操作中看错数据,往往也与质量意识有关。质量意识差,对相关的质量要求往往不够注意,因而会看错。而质量意识很强的员工,对相关质量要求不仅敏感,而且很注意。

(3)预定对象或事物的反应模式。意识是在过去认识和情感体验的基础上形成的,一经形成之后就会使人对某种对象或事物采取相应的行为模式。质量意识强的员工,就会重视质量,对质量工作抱积极态度,在接受新任务时,会积极考虑新任务的质量问题,在完成新任务过程中就会时时把质量放在首位;相反,质量意识差的员工一听说"质量"二字,心中就会反感,不管领导如何强调,也难以把质量放在首位。

(4)导致情绪上的不同体验。人们对事物的认识不一样,态度不一样,所产生的情绪体验也不相同。一般地说,对认识深刻并抱肯定态度的事物和行为,可以给人带来满足、愉快、喜爱等内心体验;对认识和态度上否定的事物和行为,则可能带来相反的内心体验。质量意识强的员工,质量态度往往积极,不但能积极参加质量改进,而且能产生肯定性情感,心情舒畅,容易产生成就感;相反,员工的质量意识差,质量态度就会消极,也就会感到"这也不对,那也不是",或者烦躁、冒火、生气,或者恼怒、痛苦、不安。

4. 培养前提

质量意识的形成、巩固和发展都有赖于质量教育。质量教育的目的就是促进员工质量意识的形成、巩固和发展。也就是说,质量意识的建设依赖于质量教育,质量教育就是为了质量意识建设。当然,这里所说的质量教育是广义的,不仅包括了办班上课、各种培训,更重要的是平时通过开展质量活动对员工进行潜移默化的教育。任何一项行为,其内容、形式和方法往往源于其目的。目的明确了,内容、形式和方法也就明确了。目的不对,内容、形式和方法也就可能发生偏差。教育总有两个方面,一是教育者(包括教育的组织者),一是受教育者。这两方面的目的(或者说其动机)又有什么不同呢? 如果不同,又怎样把它们结合起来呢?

先说教育者或教育的组织者,即企业方面的目的。企业进行质量教育的目的是为了提高产品质量,以求获得更好的经济效益。但是,在质量教育和产品质量之间毕竟还存在一些中间环节。这就是质量意识的质量能力以及由它们所决定的质量行为。质量教育的直接目的当然是增强员工的质量意识,提高员工的质量能力。产品质量仅仅是质量意识和质量能力以及由它们所决定的质量行为的功能作用之产物,离开质量意识、质量能力及质量行为这些中间环节,质量教育、产品质量及经济效益几乎难以发生直接联系。

不少企业对这些中间环节重视不够,研究甚少,幻想着"立竿见影",追求则是"急功近利,结果欲速则不达"。人们往往又把教育理解得过于狭窄,似乎就是上课讲 TQM,讲ISO9000,讲 PDCA,今年讲这一套,明年还讲这一套。教育内容和现实需求脱节,再加上质量教育中其他形式主义,反而使质量教育达不到提高产品质量的目的,因此其内容、形式和方法都应当有所改变。

再说受教育者即员工的目的。心理学告诉我们,学习者必须有强烈的学习动机,即有"我要学"的心理倾向,才能学习得好。学习者的学习行为是由学习动机促成的。学习动机是对学习起推动作用的心理因素,它不仅决定着学习者的学习性质,而且也影响着学习成效。如果缺乏学习动机,不管外界如何施加压力也是徒劳的。那么,员工接受质量教育或学习质量知识的动机应是什么呢?

员工学习的目的应是提高自己的质量意识和质量能力,这是企业对员工的要求,员工自己也应这样要求自己。但是,员工的质量意识和质量能力提高后,得不到认可,得不到"用武之地",得不到相应的报酬(包括精神的和物质的),员工就不可能有较强的学习动机。质量教育必须与质量奖惩联系起来,质量奖惩反过来又成为质量教育的基本前提。在质量奖惩不分明的企业,质量教育肯定是搞不好的。学习报酬不仅仅是指物质报酬,主要还是在学习中获取知识满足员工需要的程度,也就是员工自己对自己的"报酬"。对学习优异者适当给予奖励(如奖金、合格证书、表彰等)也是必要的。

为了激发员工的学习动机,首先应当对员工进行学习目的性的教育。在质量教育中,要使员工充分认识到学习对提高产品质量,对提高自己的质量意识和质量能力的意义,使他们感到学习内容与他们的工作密切相关、很有价值,他们的学习动机就会强烈起来。其次,在教学中要注意研究质量教育的内容、形式和方法,激发员工的学习兴趣,使员工通过学习得到精神上的满足。再次,还应当适当地采取奖惩、竞赛、考试等动机诱因,激发员工的学习动机。如果对员工的学习动机注重不够,质量教育不仅不能吸引员工参加,反而容易使员工产生反感。一旦形成逆反心理,把质量教育当成负担,员工就不愿意参加学习,或者人到心不到,达不到质量教育的目的。那种用惩罚方式强迫员工参加学习的方法,更是不对的。

（一）质量管理

1. 质量的概念

（1）狭义的质量概念——产品质量。人们通常所说的质量，往往是指物品的好坏，即产品质量。产品质量也就是指产品本身的使用价值，即产品适合一定用途，满足人们的一定需要所具备的自然属性或特性。这些特征表现为产品的外观、手感、音响、色彩等外部特征，也包括结构、材质等物理和化学性能等内在特征。

产品质量的好坏，不能单凭直觉来判断，必须有一套科学的标准。为衡量产品质量而判定的技术尺度就是质量标准。它的主要内容有：产品名称、产品用途、规格和使用范围、对该产品各种专门的技术要求、检验工具及检验方法或测试手段。对有些产品还需制定包装和运输等方面的要求。符合质量标准的产品就是合格品，不符合质量标准的产品就是不合格品。质量标准有国际标准、国家标准、部颁标准和企业标准。

（2）广义的质量概念——全面质量。广义的质量概念是指产品质量、工程（工序）质量和工作质量的总和，亦称全面质量。它比产品质量具有更深刻、更全面的含义。

2. 现代企业全面质量管理概念及特点

现代企业全面质量管理贵在一个"全"字，其特点概括起来可归纳为"四全""三性"。所谓"四全"是指全企业的质量管理、全过程的质量管理、全员参加的质量管理和采用全面方法的质量管理。"三性"是指预防性、科学性和服务性。

（1）全企业的质量管理。这是指质量管理的对象是全面的，既要管产品质量，还要管产品质量赖以形成的工作质量。在工作质量方面，要管好影响产品质量的设计质量、工程质量、检验质量、交货期质量、使用质量和服务质量等。总之要求质优、价廉、交货及时、服务周到，以满足用户的需要为宗旨。

（2）全过程的质量管理。这是指对产品生产经营全过程都要进行质量管理，产品质量始于设计，成于制造，终于使用，这一过程的各个环节都会对产品质量产生不同程度的影响，因而必须对全过程进行管理，这样就把质量管理的范围从原来的制造过程向前后扩展或延伸，形成一个螺旋形的上升过程，从访问用户、市场调查、产品设计方案论证开始，到设计、试制、生产、测试检验、销售、使用、服务的全过程，都要严格地实施质量管理，保证达到原定的质量标准，这个过程不断循环，则产品质量将不断改进和提高。

（3）全员参加的质量管理。质量管理环环相扣，人人有责，不能把质量管理看成只是质量管理部门的事，企业各个部门的工作和各个环节的活动都直接或间接地影响着产品质量。要提高产品质量就需要依靠所有人员共同努力，从企业领导、技术人员、经营管理人员到生产工人都要学习质量管理的理论和方法，树立质量第一的观念，提高工作质量和产品质量。

（4）采用全面方法的质量管理。这是指采取的管理手段不是单一的，而是综合运用质量管理的管理技术和科学方法，组成多样化的复合的质量管理方法体系。要把质量检验、数理统计、改善经营管理和革新生产技术等有机结合起来，全面综合地管好质量。

（5）预防性。就是要充分认识到良好的产品是设计和生产出来的，不是检验出来的，要把管理工作重点从事后把关转移到事前控制上来，实行防检结合，以防为主，把不合格产品消灭在它的形成过程中。

（6）服务性。主要表现在三个方面：一是企业对用户做好售后服务；二是企业内部上道工序为下道工序服务，树立"下道工序是用户"的思想；三是辅助部门为生产车间做好服务。

(7)科学性。就是不能凭主观判断,凭印象、感觉、经验办事。要按科学程序调查研究,用科学数据、科学方法和科学原理进行质量管理。

3. 现代企业质量保证体系

质量保证体系就是现代企业根据质量保证的要求,从现代企业的整体出发,运用系统的理论和方法,把现代企业各部门、各环节严密地组织起来,规定它们在质量管理方面的职责、任务和权限,并建立组织和协调各方面质量管理活动的组织机构,在现代企业内形成一个完整的、有机的质量保证系统。建立健全现代企业质量保证体系是保证质量目标得以实现的重要手段,是取得长期稳定生产优质产品的组织保证和制度保证。

1)现代企业质量保证体系的内容

①设计过程的质量管理。

②制造过程的质量管理。

③辅助过程的质量管理。

④使用过程的质量管理。

2)现代企业质量保证体系的 PDCA 循环

PDCA 质量管理循环保证体系是由美国质量管理专家戴明提出的,所以又称"戴明环"。它是由 Plan(计划)、Do(实施)、Check(检查)、Action(处理)四个词的第一个字母组成的。PDCA 循环保证体系反映了做质量管理工作必须经过的四个阶段,也体现了全面质量管理的思想方法和工作程序。

PDCA 循环包括四个阶段和八个工作步骤,如图 1-4 所示。

(a) PDCA循环的四个阶段

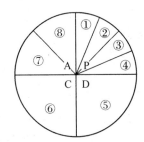
(b) PDCA循环的八个工作步骤

图 1-4　PDCA 循环阶段和工作步骤

(1)计划阶段(P):

①分析现状,找出质量问题。

②分析产生问题的原因。

③从各种原因中找出影响质量的主要原因。

④制订计划与措施。

(2)实施阶段(D):

⑤执行计划,落实措施。

(3)检查阶段(C):

⑥检查计划执行情况和措施实行效果。

（4）处理阶段（A）：

⑦把有效措施纳入各种标准或规程中加以巩固，无效的不再实施。

⑧将遗留问题转入下一个循环继续解决。

3）PDCA 循环运转时的特点

（1）大环套小环，一环扣一环；小环保大环，推动大循环。如图 1-5（a）所示，整个企业、各科室、车间、工段、班组和个人都有自己的 PDCA 管理循环，所有的循环圈都在转动，并且相互协调，互相促进。上一级循环是下一级循环的依据，下一级循环是上一级循环的组成部分和具体保证。

（2）管理循环如同爬楼梯一样螺旋式上升，每转动一圈，就上升一步，就实现一个新的目标，不停转动就不断提高。如此反复不断地循环，质量问题不断得到解决，管理水平、工作质量和产品质量就步步提高，如图 1-5（b）所示。

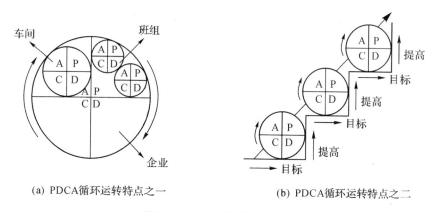

(a) PDCA循环运转特点之一　　　　　(b) PDCA循环运转特点之二

图 1-5　PDCA 循环运转特点

（3）管理循环是综合性循环，四个阶段划分是相对的，不能机械地把它们分开，而要紧密衔接，而且各阶段之间存在一定的交叉。实际工作中，往往是边计划边执行，边执行边检查，边检查边处理，边处理边调整计划。质量管理工作正是在这样的循环往复中达到预定目标的。

（4）管理循环关键在于"A"阶段，只有把成功的经验和失败的教训都纳入各项标准、规程和制度中，才能使今后的工作少走弯路，不断提高。

4. 现代企业产品质量控制方法

在质量管理中，常用统计方法有七种，被称为质量管理的"七种工具"。分别介绍如下：

（1）分层法。分层法又叫分类法、分组法。这种方法就是把收集来的数据，根据一定的目的，按其性质、来源、影响因素等加以分类，进行研究，使杂乱的数据系统化、条理化，从而找出质量问题的症结，采取相应的措施加以解决。在质量管理中，数据分层的标志多种多样，一般可先按时间、操作人员、使用的设备、使用的原材料、操作方法、测量工作、工序等进行分类，然后再进一步细分。分层法常常和其他方法结合起来使用，如分层法与排列图法、与直方图法结合使用。

（2）调查表法。调查表又称统计分析表或检查表，它是利用统计图表登记有关数据，并据以粗略分析影响产品质量的原因。一般来说，调查表经常和分层表一起使用效果更好。根据不同的调查对象、调查目的、调查范围，可将调查表设计成多种形式，通常有缺陷位置调查表、不合格项目调查表、质量特性值分布调查表和不良品产生原因统计表等。

(3)排列图法。又称主次因素图法或巴雷特图法。它是用来找出影响产品质量主要问题的一种图解方法。

(4)因果分析图法。使用排列图找出影响产品质量的主要因素后,可用因果分析图找出主要因素产生的根源。因果分析图因其形状而被称为树枝图或鱼刺图,它是用来表示产品质量特性与影响质量的有关因素之间关系的图表,因此它又被称为特性因素图。

(5)直方图法。直方图又称质量分布图,它是用来整理质量数据,从中找出质量运动规律,预测工序质量好坏和估算工序不合格品率的一种常用工具。

(6)控制图法。控制图又称为质量管理图或质量评估图。它是用数理统计理论对生产过程中质量状态进行控制的一种图表。

(7)散布图法。散布图又称相关图,是一种简易的相关分析,利用统计图的形式,来分析研究影响因素同质量特性之间、两种质量特性之间、两种影响因素之间关系的程度。在质量分析中,对于某些既有关系但又不存在确定函数关系的变量,不能由一个变量的数值精确地求出另一个变量的数值时,通常采用相关图观察,用散布图将有关的各对数据在直角坐标图上描点表示,就能分析判断它们之间有无相关关系以及相关的程度。然后运用这种关系,对产品或工序进行有效的控制。

思考与练习

1.何谓现代企业全面质量管理,有何特点?

2.何谓 PDCA 质量循环保证体系?

3.PDCA 循环有哪四个阶段和八个工作步骤?

4.现代企业产品质量控制有哪几种方法?

模块二　FANUC 系统用户宏程序编制技术

　知识目标

(1)建立对宏程序的认识。

(2)掌握数控车床宏程序的编程原理。

(3)掌握数控车床常用的宏程序编程语句。

(4)掌握数控车床宏程序的编程方法。

　技能目标

(1)会进行数控车床宏程序的编程。

(2)会进行数控车床宏程序的调试。

任务一　宏指令的功能认知

　任务导入

在机械零件加工中经常遇到一些零件上有许多相同或相似的几何形体,或者形状相似的零件。在数控编程中如果把这些几何形状体一一编写出来,不但程序很大,数据较多,而且出现错误也不易检查出来,为解决这一问题,我们可以采用参数化编程的方法。

一、任务布置

如图 2-1 所示,该系列零件的右端面球半径可取 $R10$ 与 $R15$,编程原点设在工件右端面中心,毛坯直径 $\varnothing45$,请使用参数化编程编辑其加工程序。

【知识目标】

(1)了解参数化编程的应用场合。

(2)掌握参数化编程的方法。

【技能目标】

(1)会运用变量及表达式表示参数。

(2)会进行参数化编程。

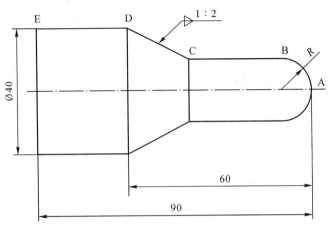

图 2-1　零件图(一)

二、知识链接

参数化编程在数控车削加工中的应用主要有：

(1)结构相似或相同的孔、槽和螺纹的车削加工等。

(2)复杂曲面的加工。参数化编程可以在程序中进行算术运算和逻辑运算,对于工件的几何形状几乎没有什么限制,只要能用方程式或多项式描述的形状,就能用参数化技术把加工程序编写出来。

(3)相同系列零件的加工。对于零件形状相同或者相似、部分尺寸不同的系列零件的加工,加工程序基本相似,但也有区别,通常需要重新编程或通过修改原程序中的相应数值来满足加工需求,效率不高且容易出错。参数化编程只要将这些不同的尺寸用参数形式给出,由程序自动对相关节点坐标进行计算,并在程序中把这些参数用宏变量表达出来,则可用同一程序完成该系列零件的加工。

(一)变量

参数化编程涉及变量,因此必须依靠变量及其表达式来表示加工对象轮廓的数学特征。用一个可赋值的代号代替具体的坐标值,这个代号称为变量。

普通的加工程序直接用数值指定 G 代码和移动量,例如 G00 X100.0。使用用户宏程序时,除了可直接指定数值外,还可以指定变量,例如 #1＝#2+100;G01 X#1 F300。

1.变量的表达方式

当指定一个变量时,在符号"#"后面指定变量号。

#i(i＝1,2,3,…)

如:#5

　　#109

　　#1005

或者使用运算指令<表达式>,按照如下方式表达。

#[<表达式>]

如：＃［＃100］

＃［＃1001－1］

＃［＃6/2］

2. 变量的种类

根据变量号,可以将变量分为局部变量、公共变量和系统变量,各类变量的定义与功能如表 2-1 所示。

表 2-1　变量的类型与功能

变量类型	变量号	定义与功能
局部变量	＃1～＃33	只在使用变量编程的宏程序体内局部使用的变量,用于在宏程序中存储数据,如运算结果等 当断电时,局部变量被初始化为空 在调用宏程序时,自变量对局部变量进行赋值
公共变量	＃100～＃199 ＃500～＃999	可以在多个宏程序内共同使用的变量。公共变量的值对各宏程序及由主程序调用的各子程序可以公用 ＃100～＃199 在系统断电后清空,称为暂态变量;＃500～＃999 在系统断电后其值仍保持不变,称为保持型变量
系统变量	＃1000 以上	具有固定用途的变量,用于获取包含在机床处理器或 NC 内存中的读/写信息,获取参数、加工参数等系统信息,其值取决于系统的状态。如刀具的当前位置值等

(二)常量

FANUC 系统为用户提供其值不变的常量,用户可以与变量的使用方法一样引用这些常量。系统常量的属性为只读,主要有以下几种,如表 2-2 所示。

表 2-2　系统常量

常量号	常量名称	内容
＃0,＃3100	［＃_EMPTY］	空值
＃3101	［＃_PI］	圆周率 π≈3.14159265358979323846…
＃3102	［＃_E］	自然对数的底数 e≈2.71828182845904523536…

(三)运算指令

数控系统可以在变量之间进行各类运算。运算指令可像一般的算术表达式一样编程。如：

＃i＝＜表达式＞。

1. 运算符

(1)算术运算符。包括加、减、乘、除等常用算术运算符,写作：

＋,－,＊,/

(2)条件运算符。由两个字母组成,用来比较两个值,决定它们是否相等,或一个值比另一个值大还是小。需要注意的是,等号(＝)、不等号(＞、＜)不可作为比较算符使用。常用的条件运算符有：

$$EQ(=),NE(\neq),GT(>),GE(\geqslant),LT(<),LE(\leqslant)$$

（3）逻辑运算符。包括与、或、非等常用逻辑运算符，写作：

AND,OR,NOT

2. 表达式

用运算符连接起来的变量、常量、函数等，构成了表达式。表 2-3 所列运算指令右边的 ＜表达式＞即为常量、变量、函数或运算符的组合。

表 2-3　运算指令

运算的种类	运算指令	含义
①定义、替换	#i=#j	变量的定义或替换
②加法型运算	#i=#j+#k	加法运算
	#i=#j-#k	减法运算
	#i=#j OR #k	逻辑和（32 位的每一位）
	#i=#j XOR #k	按位加（32 位的每一位）
③乘法型运算	#i=#j*#k	乘法运算
	#i=#j/#k	除法运算
	#i=#j AND #k	逻辑积（32 位的每一位）
	#i=#j MOD #k	余数（#j、#k 取整后求取余数，#j 为负时，#i 也为负）
④函数	#i=SIN[#j]	正弦（deg 单位）
	#i=COS[#j]	余弦（deg 单位）
	#i=TAN[#j]	正切（deg 单位）
	#i=ASIN[#j]	反正弦
	#i=ACOS[#j]	反余弦
	#i=ATAN[#j]	反正切（1 个自变量），也可以是 ATN
	#i=ATAN[#j]/[#k]	反正切（2 个自变量），也可以是 ATN
	#i=ATAN[#j,#k]	同上
	#i=SQRT[#j]	平方根，也可以是 SQR
	#i=ABS[#j]	绝对值
	#i=BIN[#j]	由 BCD 变换为 BINARY
	#i=BCD[#j]	由 BINARY 变换为 BCD
	#i=ROUND[#j]	四舍五入，也可以是 RND
	#i=FIX[#j]	只舍不入，小数点以下舍去
	#i=FUP[#j]	只入不舍，小数点以下舍入
	#i=LN[#j]	自然对数
	#i=EXP[#j]	以 e($\approx$2.718…)为底数的指数
	#i=POW[#j,#k]	幂乘级（#j 的 #k 乘级 ）
	#i=ADP[#j]	小数点附加

(1)角度单位。在 FANUC 系统中，SIN、COS、TAN、ASIN、ACOS、ATAN 等三角函数使用的角度，其单位用°表示。比如，90°30′，表示为 90.5°。

(2)反正弦♯i＝ASIN[♯j]。当参数 NAT(No.6004♯0)设为 0 时，解的范围为 90°～270°。当参数 NAT(No.6004♯0)设为 1 时，解的范围为－90°～90°。当♯j 不在－1～1 范围内时，会有报警(PS0119)发出。

(3)反余弦♯i＝ACOS[♯j]。解的范围为 0～180°。当♯j 不在－1～1 范围内时，会有报警(PS0119)发出。

(4)反正切♯i＝ATAN[♯j]/[♯k](2 个自变量)。使用 ATAN[♯j，♯k]与 ATAN[♯j]/[♯k]指定格式等效。当参数 NAT(No.6004♯0)设为 0 时，解的范围为 0～360°。当参数 NAT(No.6004♯0)设为 1 时，解的范围为－180°～180°，如：

参数 NAT(No.6004♯0)设为 0 ，♯1＝ATAN[－1]/[－1]，♯1 的值为 225.0；

参数 NAT(No.6004♯0)设为 1，♯1＝ATAN[－1]/[－1]，♯1 的值为－135.0。

(5)反正切♯i＝ATAN[♯j](1 个自变量)。在以 1 个自变量来指定 ATAN 时，该功能将返还反正切的主值(－90°≤ ATAN[♯j] ≤90°)。在将本函数作为除法运算的被除数使用时，务须以[]括起来以后再指定。不括起来的情形视为 ATAN[♯j]/[♯k]。如：

♯100＝[ATAN[1]]/10：将 1 个自变量 ATAN 除以 10。

♯100＝ATAN[1]/[10]：作为 2 个自变量 ATAN 执行。

♯100＝ATAN[1]/10：视为 2 个自变量 ATAN，但是由于 X 坐标的指定中没有[]，会有报警(PS1131)发出。

(6)自然对数♯i＝LN[♯j]。当♯j≤0 时，会有报警(PS0119)发出。

(7)指数函数♯i＝EXP[♯j]。运算结果溢出时，会有报警(PS0119)发出。

(8)四舍五入 ROUND 函数。当运算指令以及 IF 语句或 WHILE 语句中包含取整函数时，该函数从第一位小数起四舍五入取整。如：

♯1＝ROUND[♯2]，其中♯2 为 1.2345，则变量♯1 的值为 1.0。

当 ROUND 函数用在 NC 的语句地址中，该函数按地址的最小输入单位，对指定的值四舍五入。如：

假设 X 轴的设定单位为 1/1000mm，变量♯1 的值是 1.2345，变量♯2 的值是 2.3456。

N100 G00 G91 X－♯1；X 轴按最小设定单位自动四舍五入，沿负向移动 1.235mm。

N110 G01 X－♯2 F300；X 轴按最小设定单位自动四舍五入，沿负向又移动 2.346mm。

N120 G00 X[♯1＋♯2]；希望返回刀具原来位置，由于 1.2345＋2.3456＝3.5801，移动量在正向为 3.580mm，所以刀具不能返回原来位置(误差为 1.235＋2.346－3.580＝0.001mm)。

上述误差来源于四舍五入前相加，还是四舍五入后相加的问题。为了使刀具返回原来位置，必须将 N120 程序段修改为 G00 X[ROUND[♯1]＋ROUND[♯2]]；

(9)只入不舍和只舍不入(FUP 和 FIX)。当 CNC 对一个数进行操作后，其整数的绝对值比该数原来的绝对值大，这种操作称为只入不舍；相反，对一个数进行操作后，其整数的绝对值比该数原来的绝对值小，这种操作称为只舍不入。这两种函数在处理负数时，要格外小心。如：

设 ♯1＝1.2，♯2＝－1.2：

当执行 #3＝FUP[#1]时,将 2.0 赋予#3。

当执行 #3＝FIX[#1]时,将 1.0 赋予#3。

当执行 #3＝FUP[#2]时,将－2.0 赋予#3。

当执行 #3＝FIX[#2]时,将－1.0 赋予#3。

3. 运算的优先顺序

(1)函数。

(2)乘除运算（ ＊, /, AND ）。

(3)加减运算（＋,－, OR, XOR ）。

如：

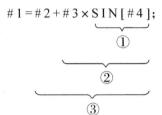

①、②、③表示运算的顺序。

括号[　]可用来改变运算的优先顺序。括号最多嵌套 5 层,包括函数外面的括号。

如：

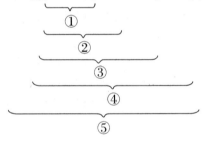

①～⑤表示运算的顺序。

三、任务分析

从图 2-1 中可以看出编程所需基点除 A、D、E 三点外,B、C 点均与球径 R 相关,那么可以将球径 R 作为变量表示,即,#1＝R→#1＝10 或 #1＝15(确定变量的初始值)。

B、C 两点的坐标我们可以与 R 联系起来,B 点 X 坐标为 2R、Z 轴坐标为－R;C 点 X 坐标为 2R、Z 轴坐标为－[60－2＊[40－2R]]。具体坐标值如表 2-4 所示。

表 2-4　坐标参数表

坐标点	X 轴	Z 轴
A	0	0
B	2R	－R
C	2R	－[60－2＊[40－2R]]
D	40	－60
E	40	－90

四、技能实训

在编程前我们要把与 R 有关的坐标点写成与 #1 有关的式子,即:

B 点 X 坐标为 2R＝2＊#1、Z 轴坐标为－R＝－#1;

C 点 X 坐标为 2R＝2＊#1、Z 轴坐标－[60－2＊[40－2R]]＝－[60－2＊[40－2＊#1]]。

参考程序如表 2-5 所示。

表 2-5　参考程序

程序段号	程序	说明
	O0001;	程序名
N10	#1＝10;	参变量赋值(本例 $R＝10$ 或 $R＝15$)
N20	G99;	粗加工准备
N30	M03 S800;	
N40	T0101;	
N50	G00 X47 Z5;	加工起点
N60	G71 U2 R2;	粗加工循环
N70	G71 P80 Q140 U0.5 W0.1 F0.3;	
N80	G00 X0;	精加工起始行
N90	G01 Z0 F0.1;	到工件 0,0 点,即 A 点
N100	G03 X[2＊#1] Z[－#1] R[#1];	圆弧插补到 B 点
N110	G01 Z－[60－2＊[40－2＊#1]];	直线插补到 C 点
N120	X40 Z－60;	锥度加工
N130	Z－90;	∅40 外圆加工
N140	G01 X45;	精加工终止行
N150	G00 X100;	退刀
N160	Z100;	
N170	M05;	主轴停转
N180	M00;	程序暂停
N190	M03 S1500;	精加工准备
N200	T0101;	
N210	G00 X47 Z5;	精加工起点
N220	G70 P80 Q140;	精加工循环
N230	G00 X100;	退刀
N240	Z100;	
N250	M05;	主轴停转
N260	M30;	程序结束并返回

五、任务评价

根据技能实训情况,客观进行质量评价,评价表如表 2-6 所示。各项目配分分别为 10 分,按"好"计 100%,"较好"计 80%,"一般"计 60%,"差"计 40% 的比例计算得分。

表 2-6　相似零件的参数化编程任务评价

序号	评价项目	熟练程度自评				熟练程度互评			
		好	较好	一般	差	好	较好	一般	差
1	了解参数化编程的应用场合								
2	懂得变量的表达方式								
3	熟悉变量的种类和含义								
4	能使用运算指令表达算术表达式								
5	能理解常用运算指令含义								
6	能正确计算参数的表达式								
7	能使用变量进行参数化编程								
8	能理清参变量之间的关系								
9	能进行参数化程序的功能扩展								
10	能调试参数化程序								
评价小结									

六、知识拓展

(1)如图 2-2 所示,该系列零件的右端面球半径 R 可取 $R8$ 与 $R6$,角度 α 可取 23° 与 25°,其余尺寸如图所示,编程原点设在工件右端面中心,工件材料为 $\varnothing35mm$ 的 45 钢圆棒料,请

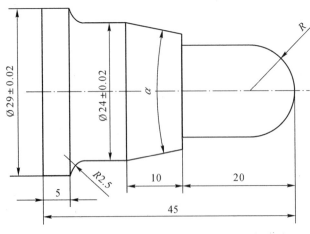

图 2-2　零件图(二)

使用参数化编程编辑加工程序。

（2）图 2-3 所示为一组系列定位销工件，要求加工四种销，尺寸参数如表 2-7 所示，工件材料为 ∅50mm 的 20 钢圆棒料，请使用参数化编程的方法编写一个宏程序解决该系列定位销的加工问题。

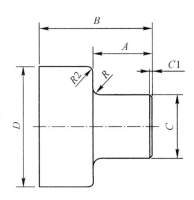

图 2-3　零件图（三）

表 2-7　定位销尺寸参数

定位销	A	B	C	D	R
1	23	44	24	46	3
2	25	46	28	48	2
3	19	45	21	47	4
4	16	40	25	49	3

思考与练习

1. 什么是参数化编程？
2. 参数化编程适用于数控加工的哪些场合？
3. 变量的种类有哪些，各有何功能？

任务二　平面非圆二次曲线轮廓的宏程序编制

任务导入

在数控车削加工中，有时我们会遇到一些特殊情况，如车灯反光镜模具的模心曲面是一个抛物面，无法使用直线（G01）、圆弧（G02/G03）插补指令和其他固定循环指令进行直接编程。在手工编程领域，对于这类二次曲线轮廓的编程，我们需要使用宏程序来解决这个问题。

一、任务布置

如图 2-4 所示,零件中含有非圆二次曲线抛物线和椭圆,编程原点设在工件右端面,工件材料为 $\varnothing 45\text{mm}$ 的 45 钢圆棒料,请使用宏程序编辑其加工程序。

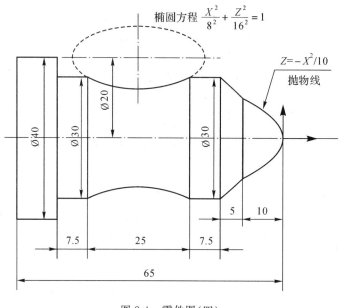

图 2-4 零件图(四)

【知识目标】

(1)了解宏程序的调用方法。

(2)掌握自变量指定的含义。

(3)掌握条件转移语句、重复语句的使用规则。

【技能目标】

(1)会进行非圆二次曲线方程的编程转换。

(2)会正确编制含有非圆二次曲线零件的宏程序。

二、知识链接

宏程序就是利用变量进行编程的方法。含运算指令(如=、+等)的程序段、含控制指令(如 GOTO、DO、END)的程序段、含宏指令指令(如由 G65、G66、G67 或别的 G 代码,或 M 代码的宏指令)的程序段称为宏语句;除宏语句以外的程序段称为 NC 语句。任务一的参数化编程实质上也是包含有宏语句的宏程序。

宏程序可以利用循环、分支和子程序调用等语句,对变量进行算术运算、逻辑运算和函数运算的混合运算,在使用手工编程方法编制特殊曲线、曲面的数控加工程序中,可以达到精简程序量,减少繁琐的数值运算的目的。

广泛应用的 FANUC 系统提供两种用户宏程序,即宏程序功能 A 和宏程序功能 B。用户宏程序功能 A 是 FANUC 系统标准配置的功能,但需要使用"G65 Hm"格式的宏指令来表达各种数学运算和逻辑关系,不能使用运算符和函数名,极不直观,且可读性差,因而导致实际工作中很少有人使用它。用户宏程序功能 B 虽然不是 FANUC 系统的标准配置功能,但绝大部分的 FANUC 系统也都支持它。宏程序 B 可以像计算机编程语言一样使用变量、运算符和函数名,而且运算符和函数名与计算机编程语言大体相同,程序易于理解,所以我们下面将以用户宏程序功能 B 介绍相关知识。

(一)宏程序的调用

宏指令既可以在主程序体中使用,也可以当成子程序来调用,如图 2-5 所示。编成子程序的用户宏程序功能可以用以下方法调用:

·简单调用(G65)。

·模态调用(G66、G67)。

·子程序调用(M98)。

·用自定义的 G 代码调用。

·用自定义的 M 代码调用。

·用自定义的 T 代码调用。

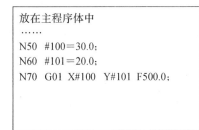
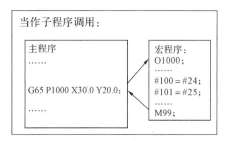

图 2-5 宏指令在程序体中的位置

1.简单调用(G65)

也叫非模态调用。当指定 G65 时,调用地址 P 指定的用户宏程序,自变量值能传递到用户宏程序中,指令格式如下:

G65　P＜p＞　L＜１＞　＜自变量指定＞;

其中:

＜p＞——指定被调用宏程序的程序号。

＜l＞——指定调用的次数,可指定从 1～9999 的重复次数。省略 l 值时,默认其值为 1。

＜自变量指定＞——自变量值传递到宏程序,其值被赋值到相应的局部变量。

2.模态调用与取消(G66、G67)

当指定了 G66 调用宏程序时,在使用 G67 取消之前,每执行一段轴移动指令的程序段,就调用一次宏程序。指令格式为

G66　P＜p＞　L＜１＞　＜自变量指定＞;

注意:

用 G66 调用宏程序要取消模态调用,必须指定 G67。而用非模态 G65 调用宏程序,只

在指定的程序段有效,也不需要用 G67 指定取消。

3.子程序调用(M98)

指令格式为

M98　P<p>　L<1>;

简单调用(G65)与子程序调用(M98)之间的区别主要有:

(1)G65 可以进行自变量指定,M98 则不能。

(2)当 M98 程序段包含另一个 NC 指令(如:G01 X100 M98 P<p>)时,在执行完 G01 X100 后调用子程序。相反,G65 则只调用宏程序,不执行 G01 X100 指令。

(3)当 M98 程序段包含另一个 NC 指令(如:G01 X100 M98 P<p>)时,在单段方式中,可以单段停止在执行完 G01 X100 后。G65 则只调用宏程序。

(4)G65 改变局部变量的级别,M98 不改变局部变量的级别。

4.用自定义的 G 代码、M 代码、T 代码调用宏程序

用自定义的 G 代码、M 代码、T 代码调用宏程序时要设定相应的参数,且参数、G 代码、M 代码或 T 代码与被调用的用户宏程序号之间有相应的对应关系。读者可从 FANUC 系统用户手册中查找参数设置方法。

(二)自变量指定

在宏程序调用时,自变量地址值可以传递给宏程序的局部变量,这种功能称为自变量指定。自变量地址与局部变量号之间的对应关系有两类指定法:

第 Ⅰ 类使用除 G、L、N、O、P 以外的英文字母,每个用一次,如表 2-8 所示;

第 Ⅱ 类使用 A、B、C,每个用一次,还可以使用 10 组 I、J、K,如表 2-9 所示。

CNC 系统自动识别第 Ⅰ 类和第 Ⅱ 类自变量指定法,如果两类指定法混合使用且同一局部变量号被重复赋值,则由后指定的自变量值决定局部变量值。如:

G65　A1.0 B2.0　I-3.0 I4.0　D5.0 P1000;

（变量）

#1: 1.0
#2: 2.0
#3:
#4: -3.0
#5:
#6:
#7: ~~4.0~~　5.0

表 2-8　局部变量与自变量地址间的对应关系(指定法 Ⅰ)

自变量地址	局部变量号	自变量地址	局部变量号
A	#1	Q	#17
B	#2	R	#18
C	#3	S	#19
D	#7	T	#20
E	#8	U	#21

自变量地址	局部变量号	自变量地址	局部变量号
F	#9	V	#22
H	#11	W	#23
I	#4	X	#24
J	#5	Y	#25
K	#6	Z	#26
M	#13		

表 2-9 局部变量与自变量地址间的对应关系(指定法 Ⅱ)

自变量地址	局部变量号	自变量地址	局部变量号	自变量地址	局部变量号
A	#1	K_3	#12	J_7	#23
B	#2	I_4	#13	K_7	#24
C	#3	J_4	#14	I_8	#25
I_1	#4	K_4	#15	J_8	#26
J_1	#5	I_5	#16	K_8	#27
K_1	#6	J_5	#17	I_9	#28
I_2	#7	K_5	#18	J_9	#29
J_2	#8	I_6	#19	K_9	#30
K_2	#9	J_6	#2	I_{10}	#31
I_3	#10	K_6	#21	J_{10}	#32
J_3	#11	I_7	#22	K_{10}	#33

(三)条件转移语句

1. 无条件转移(GOTO 语句)

无条件转移到顺序号为 n 的语句的指令格式为

GOTO　n;

其中,n 为顺序号(范围为 1~99999,否则出现报警)。

注意:

(1)顺序号可以用数字指定(如 GOTO 1;),也可用表达式来指定(如 GOTO #10;)。

(2)在以 GOTO n 指令转移的、顺序号 n 的程序段中,顺序号必须在程序段的开头。顺序号不在程序段的开头时不可转移。

2. 条件转移(IF 语句)

格式 1:

IF［<条件表达式>］　GOTO　n;

如果满足指定的<条件表达式>(即为真),则转移到顺序号为 n 的语句;如果条件表达式不满足,程序执行下一程序段。

格式2:

IF［<条件表达式>］ THEN …;

如果<条件表达式>成立(真),则执行指定在 THEN 之后的宏语句。但只执行这一个宏语句。

例:用条件转移语句编写一个宏程序,求出 1~10 累加之和。

O9500;
#1 = 0;……………………………………………………解的初始值
#2 = 1;……………………………………………………加数的初始值
N1 IF［#2 GT 10］GOTO 2;………………………加数超过 10 时就转移到 N2
#1 = #1 + #2;……………………………………………计算解
#2 = #2 + 1;……………………………………………下一个加数
GOTO 1;………………………………………………转移到 N1
N2 M30;…………………………………………………程序的结尾

注意:

<条件表达式>分简单条件表达式和复合条件表达式两种。简单条件表达式常用于比较 2 个变量或变量和常量之间的大小;复合条件表达式则将多个简单条件表达式的真假结果以 AND(逻辑与)、OR(逻辑或)、XOR(按位加)等进行运算,得到判断结果。

(四)重复语句

指令格式为

WHILE ［<条件表达式>］ DO m;(m = 1,2,3)
…
END m;

在 WHILE 后指定条件表达式。当满足指定的条件表达式时,执行从 DO 到 END 之间的程序段。当不满足指定的条件表达式时,进入 END 后面的程序段。DO 和 END 后面的 m 是指定执行范围的识别号,可用 1、2、3 作为识别号,如果用 1、2、3 以外的数字作为识别号则会有报警。WHILE 语句的执行流程如图 2-6 所示。

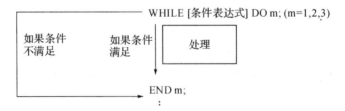

图 2-6 WHILE 语句的执行流程

例:用重复语句编写一个宏程序,求出 1~10 累加之和。

```
O0001;
♯1 = 0;
♯2 = 1;
WHILE [♯2 LE 10] DO 1;
♯1 = ♯1 + ♯2;
♯2 = ♯2 + 1;
END 1;
M30;
```

注意:

(1)识别号(1~3)在 DO 和 END 之间可多次使用。但是,当重复的循环相互交叉时,则会报警。

(2)当指定 DO m 而省略 WHILE 语句时,程序则在 DO 和 END 之间无限循环。

三、任务分析

(一)方程转换

由抛物线方程 $Z = -X^2/10$,得抛物线终点坐标 $X = 20, Z = -40$。

由椭圆方程 $\dfrac{X^2}{8^2} + \dfrac{Z^2}{16^2} = 1$,得出 $|X| = 8 \times \sqrt{1 - \dfrac{Z^2}{16^2}}$,并且 X 为半径值。由于图形椭圆为

凹椭圆,故方程应该转换成 $X = -8 \times \sqrt{1 - \dfrac{Z^2}{16^2}}$。

数控车床的编程原点一般设在工件的端面,这样不仅便于对刀,也符合大多数图纸选择尺寸基准的习惯,有利于统一工艺基准和设计基准。从图 2-4 可以看出抛物线的顶点就是这个工件的编程原点。但是图上椭圆的曲线中心与编程原点不在同一点上。

如果以椭圆中心为编程原点[如图 2-7(a)所示],数学表达式为

$$X^2/B^2 + Z^2/A^2 = 1 \tag{2-1}$$

如果以椭圆右象限点为编程原点[如图 2-7(b)所示],则数学表达式为:

$$X^2/B^2 + (Z-A)^2/A^2 = 1 \tag{2-2}$$

如果以其他点为编程原点[如图 2-7(c)所示],数学表达式应为:

$$(X-I)^2/B^2 + (Z-K)^2/A^2 = 1 \tag{2-3}$$

式 2-3 的 I、K 值存在正负值,具体如图 2-7(d)所示。

(二)编程思路

一般地,曲线的手工编程采用微小的直线段拟合加工,为计算简便,常采用等转角直线拟合和等间距直线拟合(如图 2-8 所示),这两种加工方法可根据给出的条件来选择。本任务给出的椭圆是标准方程,考虑换算和编程方便,采用等间距直线拟合编程。

四、技能实训

将抛物线 $Z = -X^2/10$ 的自变量 X 写作 ♯1,初始值设为 0,应变量 Z 写作 ♯2,宏语句表达式为

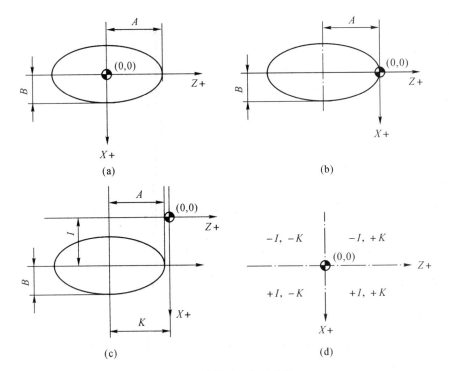

图 2-7 椭圆原点位置偏置

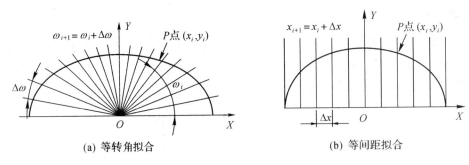

(a) 等转角拟合　　　　　(b) 等间距拟合

图 2-8　曲线的拟合

$$\#2 = -\#1 * \#1/10 \tag{2-4}$$

将式 2-3 的椭圆方程 $(X-I)^2/B^2 + (Z-K)^2/A^2 = 1$ 转换为

$$X = -B \times \sqrt{1 - \frac{(Z-K)^2}{A^2}} - I \tag{2-5}$$

代入已知常数,得:

$$X = -8 \times \sqrt{1 - \frac{(Z-(-35))^2}{16^2}} - (-20) \tag{2-6}$$

将式 2-6 的自变量 Z 写作 $\#3$,根据图 2-4 可知,$\#3$ 的初始值为 -22.5,应变量 X 写作 $\#4$,宏语句表达式为

$$\#4 = -8 * SQRT[1 - [\#3+35] * [\#3+35]/256] + 20 \tag{2-7}$$

参考程序如表 2-10 所示。

表 2-10　参考程序

程序段号	程序	说明
O0001；	程序名	
N10	G99；	
N20	M03 S800；	粗加工准备
N30	T0101；	
N40	G00 X47 Z5；	加工起点
N50	G73 U22 R11；	粗加工循环
N60	G73 P70 Q260 U0.5 W0.1 F0.3；	
N70	G00 X0；	精加工起始行
N80	G01 Z0 F0.1；	到工件(0,0)点
N90	♯1＝0；	抛物线 X 轴初始赋值
N100	WHILE［♯1LE10］DO 1；	进行抛物线终点比较
N110	♯2＝－♯1＊♯1/10；	抛物线 Z 轴计算
N120	G01 X［2＊♯1］Z［♯2］；	直线插补
N130	♯1＝♯1＋0.02；	增量
N140	END1；	结束循环体 1
N150	G01 X30 Z－15；	插补斜线
N160	Z－22.5；	插补∅30 外圆
N170	♯3＝－22.5；	椭圆 Z 轴初始赋值
N180	WHILE［♯3GE－47.5］DO 2；	进行椭圆终点比较
N190	♯4＝－8＊SQRT［1－［♯3＋35］＊［♯3＋35］/256］＋20；	椭圆 X 轴计算
N200	G01 X［2＊♯4］Z［♯3］；	直线插补
N210	♯3＝♯3－0.02；	增量
N220	END2；	结束循环体 2
N230	G01 Z－55；	插补∅30 外圆
N240	X40；	插补∅40 外圆
N250	Z－65；	
N260	G01 X47；	精加工终止行
N270	G00 X100；	退刀
N280	Z100；	
N290	M05；	主轴停止
N300	M00；	程序暂停

续表

程序段号	程序	说明
N310	M03 S1500；	精加工准备
N320	T0101；	
N330	G00 X47 Z5；	精加工起点
N340	G70 P70 Q260；	精加工循环
N350	G00 X100；	退刀
N360	Z100；	
N370	M05；	主轴停止
N380	M30；	程序结束并返回

五、任务评价

根据技能实训情况,客观进行质量评价,评价表如表 2-11 所示。各项目配分分别为 10 分,按"好"计 100%,"较好"计 80%,"一般"计 60%,"差"计 40%的比例计算得分。

表 2-11　平面非圆二次曲线轮廓的宏程序编制任务评价

序号	评价项目	熟练程度自评				熟练程度互评			
		好	较好	一般	差	好	较好	一般	差
1	了解宏程序的调用方法								
2	懂得自变量指定的含义								
3	熟悉 GOTO 语句								
4	熟悉 IF 语句								
5	熟悉 WHILE 语句								
6	能进行二次曲线方程的转换								
7	能正确选择曲线拟合方法								
8	能进行宏程序的编制								
9	能进行宏程序的录入								
10	能进行宏程序的调试								
评价小结									

六、知识拓展

经常使用的同种曲线的宏程序,常常编制一个标准的宏程序模块存储在系统中,使用时只需调用指令就可以实现加工。下面以加工凸椭圆为例,介绍模块化宏程序的编制方法。

假定加工凸椭圆的宏程序号为 O9010,设置如下调用指令:

G65 P9010 Z＿ A＿ B＿ I＿ K＿ E＿ F＿；

其中：

Z：椭圆 Z 轴终点绝对坐标，其值传递给宏变量♯26；

A：椭圆 Z 向半轴长，其值传递给宏变量♯1；

B：椭圆 X 向半轴长，其值传递给宏变量♯2；

I：椭圆中心到编程原点的 X 向半径距离，其值传递给宏变量♯4（若椭圆中心在编程原点下方，其值为正，反之为负）；

K：椭圆中心到编程原点的 Z 向距离，其值传递给宏变量♯6（若椭圆中心在编程原点左侧，其值为负，反之为正）；

E：步距长，其值传递给宏变量♯8（取正值，该值决定母线拟合精度）；

F：进给速度，其值传递给宏变量♯9。

由于被加工椭圆的范围差异，起刀点也会有所不同，有时从编程原点处起刀，有时则从中途某处起刀，这给模块化宏程序编制带来一定麻烦。

为了避免这些不便，我们在调用宏程序模块时，要求以编程手段事先将刀具移动到椭圆起点位置，即：利用调用宏程序时的参数传递，读取系统变量♯5001 和♯5002 当前 X 轴、Z 轴的工件坐标系下坐标值分别赋值给起始点坐标。

任意位置凸椭圆的方程为式 2-3，可转换为

$$X_i = \sqrt{B^2 - B^2(Z_i - K)^2/A^2} + I \tag{2-8}$$

根据式 2-8 编写的宏程序模块如表 2-12 所示。

表 2-12　车削凸椭圆的宏程序模块

程序段号	程序	说明
	O9010；	程序名
N10	♯11＝♯5001；	读取当前 X 轴坐标值，并赋值给♯11
N20	♯13＝♯5002；	读取当前 Z 轴坐标值，并赋值给♯13
N30	♯17＝♯1＊♯1；	♯17＝A^2
N40	♯18＝♯2＊♯2；	♯18＝B^2
N50	WHILE［♯13GE♯26］DO 1；	判断是否到达 Z 轴终点坐标
N60	♯13＝♯13－♯8；	Z 轴坐标值按步距长递减
N70	♯20＝［♯13－♯6］＊［♯13－♯6］；	♯20＝$(Z-K)^2$
N80	♯11＝SQRT［♯18－♯18＊♯20/♯17］＋♯4；	计算相应的 X 轴坐标值
N90	G01 X［2＊♯11］Z［♯13］F［♯9］；	以微小直线段拟合椭圆母线
N100	END 1；	跳出循环体
N110	M99；	子程序结束，返回主程序

注：因 FANUC 系统一个程序段字符数不能超过 31 个，上述程序的 N30、N40、N70 等程序段均为精简 N80 程序段而编制。

思考与练习

1. 椭圆、抛物线、双曲线的标准方程和参数方程是什么？

2. 什么是自变量指定，有什么作用？

3. 手工编程中拟合曲线的常用方法有哪几种？适用于哪些场合？

4. 宏程序调用的方法有哪几种？有什么区别？

任务三　特殊螺纹的专用宏程序定制

任务导入

特殊螺纹可分为圆弧螺纹、异形螺纹等。圆弧螺纹是非标准的螺纹，以大径和螺距来表示大小，牙型为圆弧形，由两圆弧和一直线连接而成，牙粗、圆角大、螺纹不易被损坏，常用于容易生锈或接触污物的场合；异形螺纹，其牙型为异形，几何形状特殊，加工工艺复杂，是数控车削加工中难加工的螺纹之一。对于这些特殊螺纹，难以使用螺纹切削基本指令编程，也难以利用 CAM 软件编程实现其加工。把螺纹切削基本指令和宏程序结合起来编程加工特殊螺纹，是该类零件加工最实际、最有效的一种方法。

一、任务布置

零件结构如图 2-9 所示，编写椭圆弧面螺纹的加工程序。

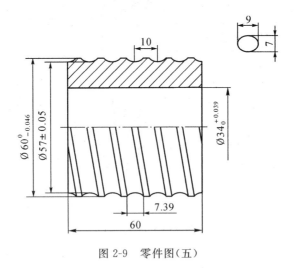

图 2-9　零件图（五）

【知识目标】

(1) 了解特殊螺纹的加工方法。

(2) 掌握特殊螺纹编程思路。

【技能目标】

(1)能分析特殊螺纹的加工工艺。

(2)会编制特殊螺纹的加工程序。

二、知识链接

在机械加工中,螺纹是在一根圆柱形的轴上(或内孔表面)用刀具或砂轮切成的,此时工件转一转,刀具沿着工件轴向移动一定的距离(这个距离等于螺纹的导程),刀具在工件上切出的痕迹就是螺纹。在外圆表面形成的螺纹称外螺纹。在内孔表面形成的螺纹称内螺纹。螺纹的基础是圆轴表面的螺旋线。通常,若螺纹的牙型剖面为三角形,则叫三角螺纹;牙型剖面为梯形叫作梯形螺纹;牙型剖面为锯齿形叫作锯齿形螺纹等。

特殊螺纹一般指螺纹的牙型、外形轮廓等与普通螺纹不同的螺纹,如在圆柱面上的特殊螺纹、在圆弧面上的特殊螺纹、在非圆曲线表面上的特殊螺纹,特殊螺纹的牙型有三角形、梯形、矩形、圆弧形等。特殊螺纹的编程目前没有专门的编程指令,也没有 CAD/CAM 软件能造型和生成加工程序。而把螺纹切削基本指令和宏程序结合起来编程加工特殊螺纹,是该类零件加工最实际、最有效的一种方法。

1.刀具选择

刀具的选择应根据牙型来确定。切削深度较小的特殊螺纹可选择角度较小的尖刀或偏刀(如 30°、35° 尖刀或偏刀);加工的螺纹牙型表面较粗糙,精度低,可通过减小步距提高加工精度,但增加了切削次数,延长了加工时间,效率较低。在具体实践中,应适当选取步距,兼顾精度和效率。若是带有弧形的异形特殊螺纹,可选用圆弧刀,但要注意圆弧刀半径要小于弧形曲率半径,否则易出现干涉现象。

2.夹具选择

一般情况下采用三爪卡盘装夹,若是在细长轴类工件上加工异形特殊螺纹,则需采用三爪卡盘和活络顶尖配合,采用一夹一顶方式进行装夹。由于切削力作用有时为了防止工件产生轴向位移,必须利用工件的台阶作为限位支承。

3.特殊螺纹加工方法

特殊螺纹具有牙型深、宽度大、螺距大等特点,从而使切削余量和切削抗力也较大,在加工时宜采用低速分层拟合车削。具体来说,就是将螺纹牙型深度按一定的数值分成若干层分别加工,通过不断改变刀具起点位置逼近实际螺纹轮廓。

4.加工中应注意的问题

(1)要根据不同情况,合理选择刀具角度和刀尖圆弧半径,防止发生干涉现象。

(2)粗、精加工时,转速必须一致,否则会造成乱牙现象。

(3)加工时,要保证零件有足够的装夹强度,以免因振动引起崩刀。

(4)粗车后,应留合适余量进行精车,以去除残留在表面微观不平和毛刺等。

三、任务分析

1.图样分析

图 2-9 所示椭圆弧面螺纹的螺距是 10mm,应选择低速切削,因为一般经济型数控机床

的 Z 轴移动速度在 4～8m/min 之间,所以转速可选择 400～800rpm;螺纹的牙型深度为 1.5mm,可选择 93°外圆仿形车刀进行车削,控制较小步距以减小切削力。

2.编程思路

如图 2-10 所示,a、b、c 三点是椭圆弧面牙型若干个点中的三个。程序应先让刀尖点到达 a 点,做一次螺纹切削;然后从 a 点到 b 点,又做一次螺纹切削;最后从 b 点到 c 点,再做一次螺纹切削。这样,若干次循环之后,整个椭圆弧面牙型的螺纹就加工出来了。

值得提示的是,在实际编程中,我们需将椭圆弧面上的点进行密集化,而不能仅仅加工以 a、b、c 三个点为起刀点的螺旋线。只有经过起刀点密集化加工的螺纹才能获得较好的表面粗糙度。

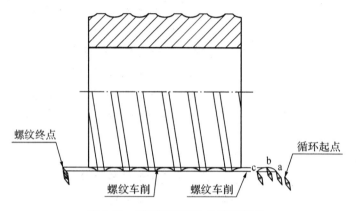

图 2-10 椭圆弧面螺纹的车削原理

四、技能实训

参考程序如表 2-13 所示。

表 2-13 参考程序

程序段号	程序	说明
	O0001;	程序名
N10	G64;	加工前准备
N20	M03 S400;	
N30	T0303;	
N40	G00 X65 Z15;	循环起点
N50	X60;	椭圆弧面螺纹起点
N60	Z13.695;	
N70	#1=13.695;	Z 轴赋值
N80	WHILE[#1GE6.305]DO 1;	进行椭圆终点比较
N90	#2=-3.5*SQRT[1-[#3-10]*[#3-10]/20.25]+32;	X 轴坐标的计算
N100	G00 X[2*#2]Z[#1];	到达螺纹起点

续表

程序段号	程序	说明
N110	G33 Z－70 F10；	螺纹插补
N120	＃1＝＃1－0.02；	增量
N130 ·	G00 X65；	返回到加工起点
N140	Z15；	
N150	END1；	结束循环
N160	G00 X100；	退刀
N170	Z100；	
N180	M05；	主轴停转
N190	M30；	程序结束并返回

五、任务评价

根据技能实训情况，客观进行质量评价，评价表如表 2-14 所列。各项目配分分别为 10 分，按"好"计 100％，"较好"计 80％，"一般"计 60％，"差"计 40％的比例计算得分。

表 2-14　特殊螺纹的专用宏程序定制任务评价

序号	评价项目	熟练程度自评				熟练程度互评			
		好	较好	一般	差	好	较好	一般	差
1	了解特殊螺纹加工方法								
2	能分析特殊螺纹的加工工艺								
3	能进行牙型剖面方程的转换								
4	懂得特殊螺纹的编程思路								
5	了解特殊螺纹加工注意事项								
6	熟悉条件转移语句，并能正确运用到特殊螺纹编程中								
7	熟悉重复语句，并能正确运用到特殊螺纹编程中								
8	能进行宏程序的编制								
9	能进行宏程序的录入								
10	能进行宏程序的调试								
评价小结									

六、知识拓展

变节距椭圆螺纹加工零件实例图如图 2-11 所示,FANUC 数控车床系统提供了车削变节距螺纹的功能指令 G34,用于加工槽宽相等但螺距逐渐变化的螺纹。如:

G34 Z－50 F6 K1;

其中:G34——变节距螺纹切削;

        Z－50——车削螺纹终点位置;

        F6——导程(单头螺纹指螺距)为 6mm;

        K1——导程增量。每转一圈导程增加 1,即主轴旋转一圈,导程由 6 逐渐变为 7、8、9……如果是－1,每转一圈导程减小 1,即导程由 6 逐渐变为 5、4、3……

图 2-11 所示螺纹牙型截面的椭圆长轴为 6mm,短轴为 4mm,螺纹第一螺距为 7mm,以每螺距 1mm 增加。该零件无法用普通螺纹程序直接编写,需要依据椭圆公式设置变量,运用宏程序及其嵌套编制数控加工程序,并根据逐次分层拟合法进行数控加工。实际加工中,为实现高精度的加工,在必要的时候还需通过修改磨耗保证加工质量。

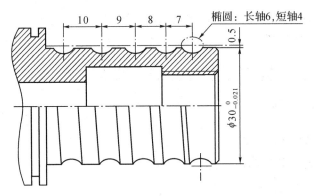

图 2-11 变节距椭圆螺纹

参考程序如下:

O0051;

M03 S300;

T0101;(35 度偏刀)

G99;

G00 X35 Z10;

#6＝32;(粗加工时椭圆中心在 X 方向坐标)

#1＝3;(椭圆长半轴)

#2＝2;(椭圆短半轴)

N2 #3＝3;(Z 轴空刀导入量)

N1 #4＝2＊SQRT[1－#3＊#3/9];

#5＝#6－2＊#4;(X 轴坐标)

G00 X#5 Z[#3＋3];

G34 Z－45 F5 K1;(变节距螺纹加工)

G00 X40；

Z10；

♯3 = ♯3 - 0.1；

IF[♯3GE - 3] GOTO1；(判断当前加工层 Z≥ - 3,椭圆未拟合加工完毕执行 N1)

♯6 = ♯6 - 0.5；(下一层深度计算)

IF[♯6GE31] GOTO2；(判断当前加工深度≥31,执行 N2 进行下一层切削)

G00 X100 Z100；

M05；

M30；

思考与练习

1. 特殊螺纹的加工采用什么样的编程思路？
2. 特殊螺纹与普通螺纹在刀具使用上有什么区别？

模块三　CAXA 数控车自动编程技术

知识目标

(1)掌握 CAXA 数控车软件操作功能指令。

(2)掌握 CAXA 数控车软件自动编程方法。

技能目标

(1)会用 CAXA 数控车软件进行零件轮廓建模。

(2)会用 CAXA 数控车软件设置工艺参数。

(3)会用 CAXA 数控车软件进行后置处理。

(4)会用 CAXA 数控车软件生成加工程序。

任务一　轮廓造型及工艺分析

任务导入

数控编程分为手工编程和自动编程。自动编程，就是利用计算机辅助制造软件(如 Mastercam、CAXA 等)进行零件建模、参数设置、后置处理并自动生成数控加工程序的过程。

CAXA 是我国自主研发的 CAD/CAM 软件。CAXA，读作"卡萨"，由 Computer(计算机)，Aided(辅助的)，X(任意的)，Alliance、Ahead(联盟、领先)四个单词的首字母组成。

一、任务布置

本任务以"CAXA 数控车"软件为主要对象，对如图 3-1 所示的轴类零件进行编程工艺分析与轮廓建模。

【知识目标】

(1)了解自动编程的工作内容。

(2)掌握 CAXA 数控车软件的基本术语。

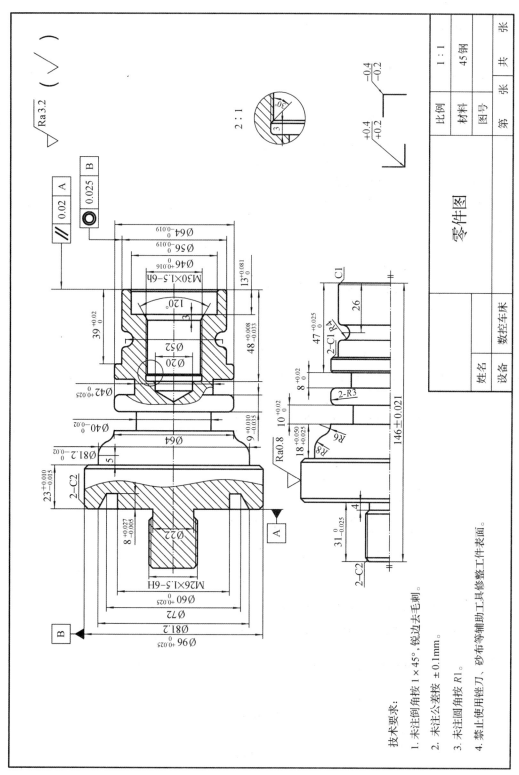

零件图

		比例	1：1	
姓名		材料	45钢	
设备	数控车床	图号		
		第　张	共　张	

图 3-1 零件图（六）

技术要求：
1. 未注倒角按 1×45°，锐边去毛刺。
2. 未注公差按 ±0.1mm。
3. 未注圆角按 R1。
4. 禁止使用锉刀、砂布等辅助工具修整工件表面。

【技能目标】

(1)能合理选择加工刀具及切削参数。

(2)会熟练应用各类绘图指令进行零件轮廓的建模。

二、知识链接

(一)CAXA数控车自动编程的工作内容

使用CAXA数控车软件进行自动编程一般包括以下几项工作内容：

(1)对图纸进行分析,确定需要数控加工的部分。

(2)利用图形软件对需要数控加工的部分进行建模。

(3)根据加工条件,选择合适的加工参数并生成加工轨迹(包括粗加工、半精加工、精加工轨迹)。

(4)对加工轨迹进行仿真检验。

(5)进行后置处理,配置好机床,生成加工程序。

(6)连接计算机与机床的通信接口,设置通信参数,并将加工程序传输给机床。

(二)重要术语

1.两轴加工

CAXA数控车对应于经济型数控车床的两轴加工,机床坐标系的Z轴对应于软件绘图界面的X轴,机床坐标系的X轴对应于软件绘图界面的Y轴。

2.轮廓

切削轮廓是一系列首尾相接曲线的集合,分为外轮廓、内轮廓和端面轮廓等,如图3-2所示。

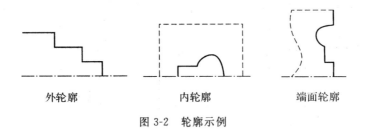

外轮廓　　　　　　　内轮廓　　　　　　　端面轮廓

图 3-2　轮廓示例

毛坯轮廓是加工前毛坯的表面轮廓,如图3-3所示。在进行数控编程及交互指定待加工图形时,常常需要用户指定毛坯的轮廓,用该轮廓来界定被加工的表面或被加工的毛坯本

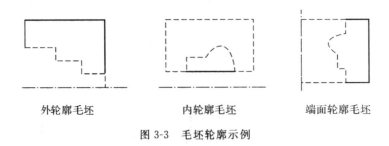

外轮廓毛坯　　　　　　内轮廓毛坯　　　　　端面轮廓毛坯

图 3-3　毛坯轮廓示例

身。如果毛坯轮廓是用来界定被加工表面的,则要求指定的轮廓是闭合的;如果加工的是毛坯轮廓本身,则毛坯轮廓也可以不闭合。

3.加工余量

切削加工是一个从毛坯开始逐步除去多余的材料(即加工余量)的过程。这个过程往往由粗加工和精加工等工步构成,必要时还需要进行半精加工。在前一工步中,往往要给下一工步留一定的加工余量。

4.机床的速度参数

数控机床的速度参数包括主轴转速、接近速度、进给速度、退刀速度等,如图 3-4 所示。

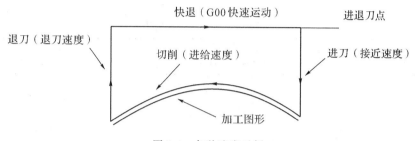

图 3-4　各种速度示例

主轴转速是切削时机床主轴转动的角速度;进给速度是正常切削时刀具行进的线速度;接近速度为从进刀点到切入工件前刀具行进的线速度,又称进刀速度;退刀速度为刀具离开工件回到退刀位置时刀具行进的线速度。

5.加工误差

刀具轨迹和被加工工件模型之间的偏差为软件加工误差。用户可通过控制加工误差来控制加工的精度。在两轴加工中,直线和圆弧的加工不存在软件加工误差,但在用折线段逼近样条曲线时,就存在逼近误差,导致了加工误差的产生,如图 3-5 所示。

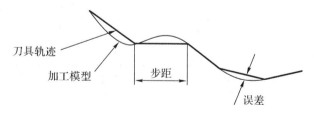

图 3-5　加工误差与步长

6.干涉

切削被加工表面时,刀具切到了不应该切的部分,称为出现干涉现象,或者叫作过切。

三、任务分析

图 3-1 所示零件包括曲线外形面、外径槽、端面槽、内孔、内螺纹加工等工序。参考工艺安排如表 3-1、表 3-2 所示。

表 3-1 数控加工刀具卡片

序号	刀具号	刀具名称	加工表面	刀尖半径/mm	备注
1	T01	93°外圆刀	外圆轮廓	0.4	
2	T02	外槽刀	外槽轮廓	0.2	3mm
3	T03	外螺纹刀	外螺纹		60°
4	T04	内孔刀	内轮廓	0.4	
5	T05	内螺纹刀	内螺纹		60°
6	T06	端面槽刀	端面槽	0.2	3mm
7	T07	圆弧刀	圆弧外轮廓	2	

表 3-2 数控加工工序卡

工步	工步内容	刀具号	主轴转速/ r·min^{-1}	进给速度/ mm·r^{-1}	背吃刀量/ mm	加工方式	备注
1	车削端面	T01	1000	0.1	0.2	手动	加工左端
2	车削外圆	T01	1000	0.15	2	自动	加工左端
3	车削端面槽	T06	1000	0.1		自动	加工左端
4	车削外螺纹	T03	800			自动	加工左端
5	调头装夹					手动	
6	车削端面	T01	1000	0.1	0.2	手动	加工右端
7	车削外圆	T01	1000	0.15	2	自动	加工右端
8	车削外槽	T02	1000	0.1		自动	加工右端
9	车削外圆弧	T07	1000	0.15	1	自动	加工右端
10	车削内孔	T04	1000	0.1	1	自动	加工右端
11	车削内螺纹	T05	800	1.5		自动	加工右端

注:表 3-2 所列切削参数为粗加工参考参数,精加工切削参数请读者根据设备条件自行选择。

四、技能实训

根据图 3-1 所示零件图,利用 CAXA 数控车软件的曲线绘制与编辑功能,可以进行零件的轮廓建模。考虑到零件需调头加工,建模结果可复制一份后采用【镜像】功能进行镜像保存备用(如图 3-6 所示)。

CAXA 数控车的曲线绘制与编辑功能,即 CAXA 数控车的 CAD 功能。该功能的主要命令包括直线、圆弧、圆、样条曲线、等距曲线等。此外,CAXA 数控车还提供了曲线编辑和几何变换功能。曲线编辑包括曲线裁剪、曲线过渡、曲线拉伸;几何变换包括平移、旋转、镜像、阵列和比例缩放等。

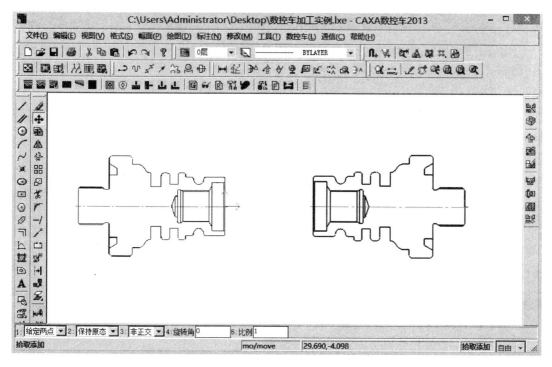

图 3-6 零件轮廓建模

1. 曲线的绘制

（1）点

在绘制图形过程中，经常需要绘制辅助点，以帮助曲线、特征、加工轨迹等定位。CAXA 数控车提供了多种点的绘制方式，可以"单个"或"批量"生成该点。

单击【点】按钮，或单击【绘图】—【点】命令，可以激活该功能，在【立即】菜单中选择点方式，根据状态栏的提示，绘制点。

（2）直线

CAXA 数控车中共提供了"两点线""平行线""角度线""切线/法线""角等分线"和"等分线"等 6 种直线的绘制功能。

单击【直线】按钮，或单击主菜单中的【绘图】—【直线】命令，可以激活该功能，在【立即】菜单中选择画线方式，根据状态栏的提示，绘制直线。

（3）圆

CAXA 数控车中共提供了"圆心_半径""三点"和"两点_半径"3 种绘制圆的方法。

单击【圆】按钮，或单击主菜单中的【绘图】—【圆】命令，可以激活该功能，在【立即】菜单中选择画圆方式，根据状态栏的提示，绘制圆。

（4）圆弧

CAXA 数控车中共提供了"三点圆弧""圆心_起点_圆心角""圆心_半径_起终角""两点_半径""起点_终点_圆心角""起点_半径_圆心角"6 种绘制圆弧的方法。

单击【圆弧】按钮，或单击主菜单中的【绘图】—【圆弧】命令，可以激活该功能，在【立即】菜单中选择画圆弧方式，根据状态栏的提示，绘制圆弧。

2.曲线编辑

(1)曲线的裁剪

使用曲线当作剪刀,剪掉曲线上不需要的部分。即利用一个或多个几何元素(曲线或点,称为剪刀)对给定曲线(称为被裁剪线)进行修剪,删除不需要的部分,得到新的曲线。曲线裁剪共有三种方式:"快速裁剪""拾取边界裁剪""批量裁剪"。

单击【曲线裁剪】按钮,或者单击【修改】—【裁剪】命令,可以激活该功能,根据状态栏的提示,即可对曲线进行裁剪操作。

(2)曲线过渡

用于对指定的两条曲线进行"圆弧过渡""尖角过渡""倒角过渡"。

单击【曲线过渡】按钮,或者单击【修改】—【过渡】命令,可以激活该功能,根据状态栏的提示,即可对曲线进行过渡操作。

(3)曲线打断

用于把拾取到的一条曲线在指定点处打断,形成两条曲线。

单击【曲线打断】按钮,或者单击【修改】—【打断】命令,可以激活该功能,根据状态栏的提示,即可对曲线进行打断操作。

(4)曲线拉伸

用于将指定曲线拉伸到指定点,CAXA数控车提供了单条曲线和曲线组的拉伸功能。

单击【拉伸】按钮,或者单击【修改】—【拉伸】命令,可以激活该功能,根据状态栏的提示,即可完成曲线拉伸操作。

3.几何变换

几何变换是指利用"平移""旋转""镜像""阵列"等几何手段,对曲线的位置、方向等几何属性进行变换,从而移动元素复制产生新的元素,但并不改变曲线或曲面的长度、半径等自身属性(缩放功能除外)。

(1)平移

对拾取到的曲线进行平移。

单击【平移】按钮,或者单击【修改】—【平移】命令,在【立即】菜单中设置参数,根据状态栏的提示,即可完成平移操作。

(2)旋转

对拾取到的实体进行旋转或旋转复制。

单击【旋转】按钮,或者单击【修改】—【旋转】命令,在【立即】菜单中设置参数,根据状态栏的提示,即可完成平面旋转操作。

注意:旋转角度以逆时针方向为正,顺时针方向为负。

(3)镜像

对拾取到的实体以某一条直线为对称轴,进行对称镜像或对称复制。

单击【镜像】按钮,或者单击【修改】—【镜像】命令,在【立即】菜单中设置参数,根据状态栏的提示,即可完成平面镜像操作。

(4)比例缩放

对拾取到的曲线按比例放大或缩小。

单击【比例缩放】按钮,或者单击【修改】—【比例缩放】命令,在【立即】菜单中设置参数,根据状态栏的提示,即可完成缩放操作。

(5)阵列

阵列的方式有圆形阵列、矩形阵列和曲线阵列三种。阵列操作的目的是通过一次操作可同时生成若干个相同的图形,以提高建模速度。

单击【阵列】按钮,或者单击【修改】—【阵列】命令,在【立即】菜单中设置参数,根据状态栏的提示,即可完成阵列操作。

五、任务评价

根据技能实训情况,客观进行质量评价,评价表如表 3-3 所示。各项目配分分别为 10 分,按"好"计 100%,"较好"计 80%,"一般"计 60%,"差"计 40% 的比例计算得分。

表 3-3　轴类零件的轮廓建模任务评价

序号	评价项目	熟练程度自评				熟练程度互评			
		好	较好	一般	差	好	较好	一般	差
1	能读懂零件图纸								
2	能描述零件加工工艺								
3	能正确制定零件加工序卡片								
4	能选择加工所需要的刀具								
5	能正确制定刀具卡片								
6	能正确选择加工参数								
7	能正确使用软件的绘图指令								
8	能正确设置软件中的快捷键								
9	能正确设置零件零点位置								
10	能独立完成任务								
评价小结									

六、拓展训练

对如图 3-7 所示的轴类零件进行编程工艺分析,并以 CAXA 数控车软件为零件轮廓进行建模。

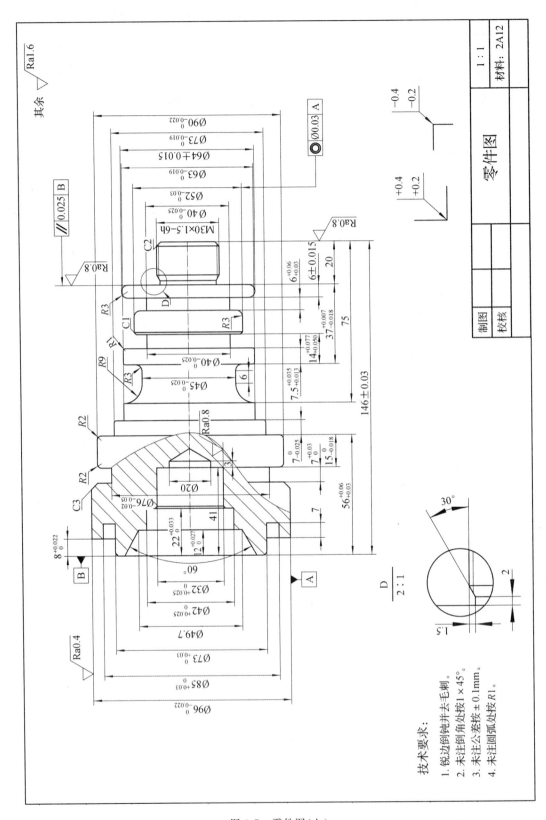

图 3-7 零件图（七）

技术要求：
1. 锐边倒钝并去毛刺。
2. 未注倒角处按1×45°。
3. 未注公差按±0.1mm。
4. 未注圆弧处按R1。

零件图

| 制图 | | | 1：1 |
| 校核 | | | 材料：2A12 |

思考与练习

1.零件图标注的尺寸公差中,公差带既有在零线上方的,又有在零线下方的,也有跨越零线的公差标注。在零件轮廓建模中,该如何处理这些尺寸公差?为什么?

2.为提高绘图建模的速度,CAXA 数控车可以设置快捷键。请查阅相关资料,列举快捷键的设置方法。

任务二　外圆、端面槽及外螺纹的加工轨迹生成

 任务导入

轮廓粗车、轮廓精车、切槽加工、螺纹加工等是 CAXA 数控车 CAM 部分的核心功能。轮廓粗车、轮廓精车主要用于对工件外轮廓表面、内轮廓表面,以及端面的粗、精车加工;切槽加工用于在工件外轮廓表面、内轮廓表面和端面切槽;螺纹加工则用于车削内、外螺纹。

一、任务布置

本任务以 CAXA 数控车软件为工具,完成如图 3-1 所示零件左端部分的自动编程轨迹生成(刀具卡片和工艺卡片如表 3-1、表 3-2 所示)。

【知识目标】

(1)掌握外轮廓加工的轨迹生成方法。

(2)掌握外螺纹加工的轨迹生成方法。

(3)掌握端面槽加工的轨迹生成方法。

【技能目标】

(1)会设置加工刀具的参数。

(2)会进行外轮廓的粗、精加工轨迹设置。

(3)会进行端面槽的粗、精加工轨迹设置。

(4)会进行外螺纹加工的轨迹设置。

二、知识链接

(一)刀具库管理

该功能定义、确定刀具的有关数据,以便于用户从刀具库中获取刀具信息和对刀具库进行维护。刀具库管理功能包括轮廓车刀、切槽刀具、螺纹车刀、钻孔刀具四种刀具类型的管理。

在菜单区中"数控车"子菜单区选取"刀具管理"菜单项,系统弹出刀具库管理对话框(如图 3-8 所示),用户可按自己的需要添加新的刀具,对已有刀具的参数进行修改,更换使用的当前刀等。

图 3-8　刀具库管理对话框

当需要定义新的刀具时,单击【增加刀具】按钮可弹出添加刀具对话框;单击【删除刀具】按钮可从刀具库中删除所选择的刀具;单击【置当前刀】可将选择的刀具设为当前刀具;单击【修改刀具】按钮可对刀具参数进行修改。

需要指出的是,刀具库中的各种刀具只是同一类刀具的抽象描述,并非符合国标或其他标准的详细刀具库。所以软件只列出了对轨迹生成有影响的部分参数,其他与具体加工工艺相关的刀具参数并未列出。例如,将各种外轮廓、内轮廓、端面粗精车刀均归为轮廓车刀,对轨迹生成并不会造成什么影响。

(二)轮廓粗车与轮廓精车

轮廓粗车功能用于实现对工件外轮廓表面、内轮廓表面和端面的粗车加工,用来快速清除毛坯的多余部分。轮廓粗车时要确定被加工轮廓和毛坯轮廓,被加工轮廓就是加工结束后的工件表面轮廓;毛坯轮廓就是加工前毛坯的表面轮廓。被加工轮廓和毛坯轮廓两端点相连,两轮廓共同构成一个封闭的加工区域,在此区域的材料将被加工去除。被加工轮廓和毛坯轮廓不能单独闭合或自相交。

轮廓精车功能用于实现对工件外轮廓表面、内轮廓表面和端面的精车加工。轮廓精车时要确定被加工轮廓。被加工轮廓就是加工结束后的工件表面轮廓。被加工轮廓不能闭合或自相交。

轮廓粗车与轮廓精车功能的操作步骤大体相似,主要包括:

(1)在菜单区中的【数控车】子菜单区中选取【轮廓粗车】或【轮廓精车】菜单项,系统弹出加工参数表,如图 3-9 所示。在参数对话框中首先要确定被加工的是外轮廓表面,还是内轮廓表面或端面,接着按加工要求确定其他各加工参数。

(2)对于轮廓粗车,确定参数后拾取被加工轮廓和毛坯轮廓;对于轮廓精车,确定参数后

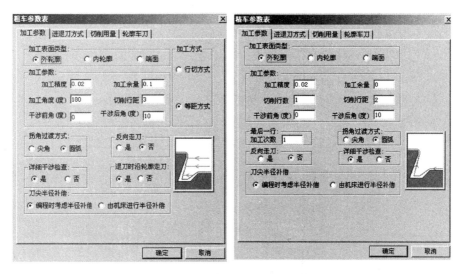

图 3-9　轮廓粗车、精车参数对话框

只需拾取被加工轮廓。轮廓的拾取可以使用系统提供的轮廓拾取工具,对于多段曲线组成的轮廓使用"限制链拾取"将极大地方便拾取(采用"链拾取"和"限制链拾取"时的拾取箭头方向与实际的加工方向无关)。

(3)确定进退刀点。指定一点为刀具加工前和加工后所在的位置。右击可忽略该点的输入。

完成上述步骤后即可生成加工轨迹。在【数控车】菜单区中选取【生成代码】功能项,拾取刚生成的刀具轨迹,即可生成加工指令。

(三)切槽

该功能用于在工件外轮廓表面、内轮廓表面和端面切槽。切槽时要确定被加工轮廓。被加工轮廓就是加工结束后的工件表面轮廓。被加工轮廓不能闭合或自相交。

切槽功能的操作步骤如下:

(1)在菜单区中的【数控车】子菜单区中选取"车槽"菜单项,系统弹出加工参数表,如图 3-10 所示。

在参数表中首先要确定被加工的是外槽表面、内槽表面还是端面槽表面,接着按加工要求确定其他各加工参数。

(2)确定参数后拾取被加工轮廓,此时可使用系统提供的轮廓拾取工具。

(3)选择完轮廓后确定进、退刀点。指定一点为刀具加工前和加工后所在的位置。

完成上述步骤后即可生成切槽加工轨迹。在【数控车】菜单区中选取【生成代码】功能项,拾取刚生成的刀具轨迹,即可生成加工指令。

(四)车螺纹

车螺纹功能为非固定循环方式加工螺纹,可对螺纹加工中的各种工艺条件,加工方式进行更为灵活的控制。操作步骤如下:

(1)在【数控车】子菜单区中选取【车螺纹】功能项。依次拾取螺纹起点、终点。

(2)拾取完毕,弹出加工参数表,如图 3-11 所示。前面拾取的点的坐标也将显示在参数

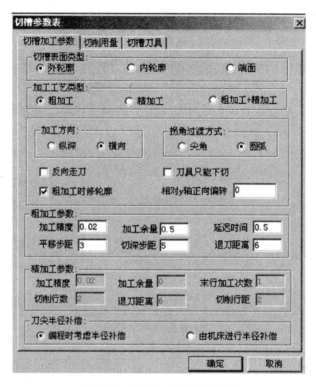

图 3-10　切槽加工参数对话框

表中。用户可在该参数表对话框中确定各加工参数。

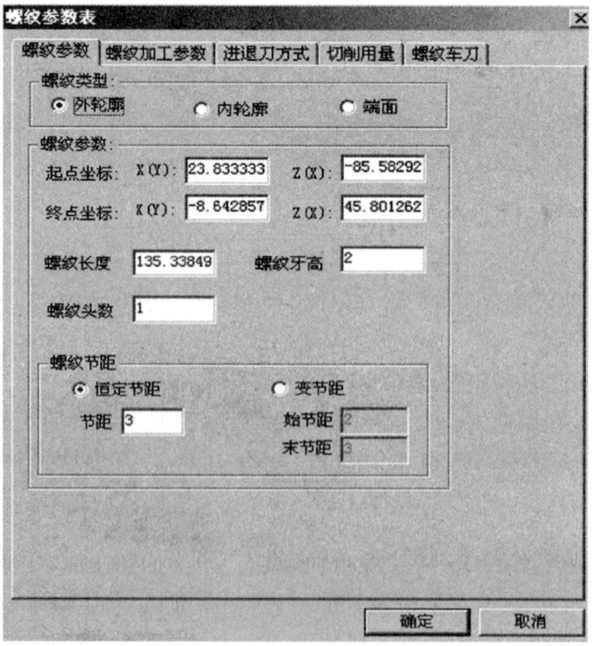

图 3-11　车螺纹参数对话框

（3）参数填写完毕,单击【确认】按钮,即生成螺纹车削刀具轨迹。

（4）在【数控车】菜单区中选取【生成代码】功能项,拾取刚生成的刀具轨迹,即可生螺纹加工指令。

三、任务分析

（一）外轮廓粗加工

1. 工件毛坯的设定

（1）设置毛坯时为避免刀具与工件发生干涉,毛坯起始点应适当进行延伸。

（2）根据实际加工需要设置毛坯的长度。

（3）毛坯轮廓必须与零件的被加工轮廓构成一个封闭的轮廓,如图 3-12 所示。

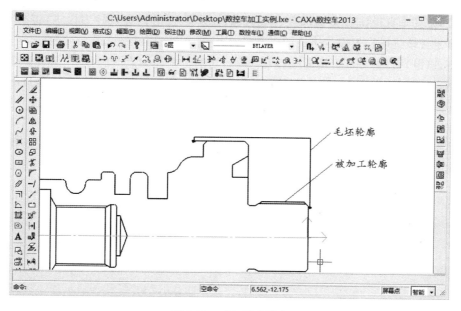

图 3-12 毛坯轮廓设定

2. 外轮廓粗加工相关参数设置

（1）粗加工参数设置

单击对话框中的【加工参数】标签即进入加工参数表,如图 3-13 所示。加工参数表主要用于对粗车加工中的各种工艺条件和加工方式进行限定。其中:

加工角度:指刀具切削方向与机床 Z 轴（软件系统 X 正方向）正方向的夹角。

切削行距:指行间切入深度,两相邻切削行之间的距离。

加工余量:指加工结束后,被加工表面没有加工的部分的剩余量。

加工精度:指对由样条曲线组成的轮廓,软件将按给定的精度把样条转化成直线段来满足用户所需的加工精度。

反向走刀:选【是】时,指选择刀具从机床 Z 轴负向向 Z 轴正向移动。

详细干涉检查:选【是】时,加工凹槽时,用定义的干涉角度检查加工中是否有刀具前角及底切干涉,并按定义的干涉角度生成无干涉的切削轨迹。

退刀时沿轮廓走刀:选【是】时,两刀位行之间如果有一段轮廓,在后一刀位行之前、之后增加对行间轮廓的加工。

刀尖半径补偿:编程时考虑半径补偿,指在生成加工轨迹时,系统根据当前所用刀具的刀尖半径进行补偿计算(按假想刀尖点编程)。所生成代码即为已考虑半径补偿的代码,无须机床再进行刀尖半径补偿。

(2)进退刀方式

单击对话框中的【进退刀方式】标签即进入进退刀方式参数表,如图 3-14 所示。该参数表用于对加工中的进退刀方式进行设定。

相对毛坯进(退)刀方式用于指定对毛坯部分进行切削时的进(退)刀方式,相对加工表面进(退)刀方式用于指定对加工表面部分进行切削时的进(退)刀方式。其中:

与加工表面成定角:指在每一切削行前加入一段与轨迹切削方向夹角成一定角度的进(退)刀段,刀具垂直进(退)刀到该进(退)刀段的起点,再沿该进(退)刀段进(退)刀至切削行。角度定义该进(退)刀段与轨迹切削方向的夹角,长度定义该进(退)刀段的长度。

垂直进(退)刀:指刀具直接进(退)刀到每一切削行的起始点。

矢量进(退)刀:指在每一切削行前加入一段与系统 X 轴(机床 Z 轴)正方向成一定夹角的进(退)刀段,刀具进(退)刀到该进(退)刀段的起点,再沿该进(退)刀段进(退)刀至切削行。角度定义矢量与系统 X 轴正方向的夹角,长度定义矢量的长度。

快速退刀距离:以给定的退刀速度回退的距离(相对值),在此距离上以机床允许的大进给速度 G00 退刀。

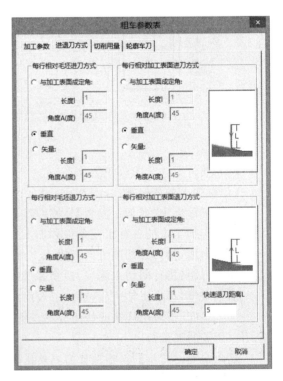

图 3-13 粗加工参数   图 3-14 粗加工进退刀方式

（3）切削用量

在每种刀具轨迹生成时，都需要设置一些与切削用量及机床加工相关的参数。单击【切削用量】标签可进入切削用量参数设置页，如图 3-15 所示。其中：

主轴恒转速：指切削过程中按指定的主轴转速保持主轴转速恒定，直到下一指令改变该转速。

主轴恒线速度：指切削过程中按指定的线速度值保持线速度恒定。

直线样条拟合方式：指对加工轮廓中的样条线根据给定的加工精度用直线段进行拟合。

圆弧样条拟合方式：指对加工轮廓中的样条线根据给定的加工精度用圆弧段进行拟合。

（4）粗加工刀具

单击对话框中的【轮廓车刀】标签即粗加工刀具参数表，如图 3-16 所示。其中：

刀具号：指刀具的系列号，用于后置处理的自动换刀指令。刀具号唯一，并对应机床的刀库。

刀具补偿号：指刀具补偿值的序列号，其值对应于机床的数据库。

刀角长度：指刀具可切削段的长度。

刀尖半径：指刀尖部分用于切削处的圆弧半径。

刀具前角：指刀具主切削刃与切削平面之间的夹角（该处定义与通常对于前角的定义不同，请读者注意区分）。

刀具后角：指刀具副切削刃与切削平面之间的夹角（该处定义与通常对于后角的定义不同，请读者注意区分）。

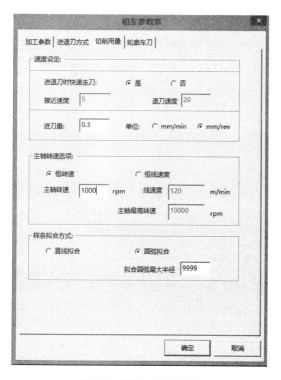

图 3-15　粗加工切削用量

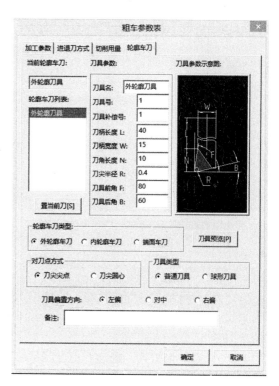

图 3-16　粗加工刀具

3.粗加工轨迹生成

(1)选择

1：限制链拾取 ▼ 2：链拾取精度 0.0001
拾取被加工工件表面轮廓：

(2)单击选择需要加工的零件起始轮廓,并选择零件轮廓的方向,如图 3-17 所示。

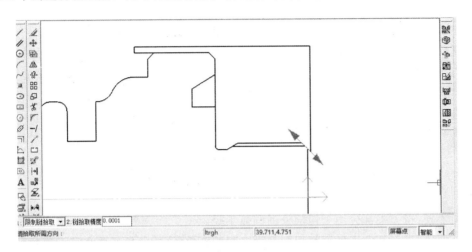

图 3-17　选择零件起始轮廓

(3)单击选择需要加工的零件终点轮廓,加工轮廓显示为红色说明加工轮廓已经拾取完成,如图 3-18 所示。此时,软件的左下方会提示"拾取毛坯轮廓"。

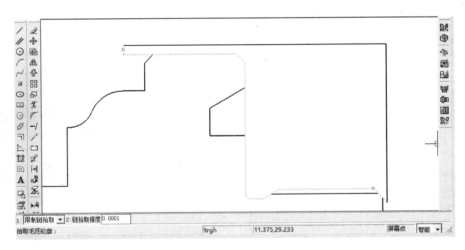

图 3-18　拾取零件被加工轮廓

(4)选择毛坯轮廓和选择加工轮廓的方法一致,先单击毛坯轮廓的起点,再选择毛坯方向,最后单击毛坯终点轮廓。形成了一个由被加工轮廓和毛坯轮廓所组成的封闭图形,如图 3-19所示。

(5)设置进退刀点。进退刀点也就是编程时的起刀点和退刀点,可以在零件毛坯外自行选定一个点,但是要注意进退刀点选择的合理性,如空走刀路径尽可能短、不得与工件发生碰撞等。

进退刀点设置完成后,软件将自动生成所需要加工的刀具轨迹,如图 3-20 所示。

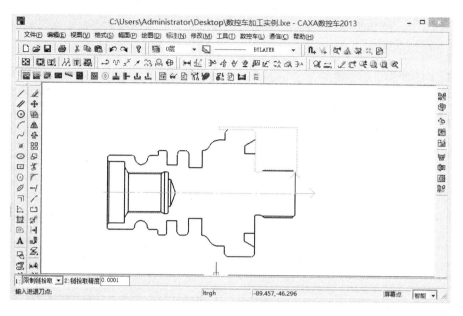

图 3-19　拾取毛坯轮廓

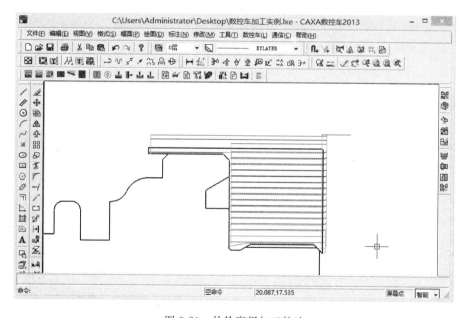

图 3-20　外轮廓粗加工轨迹

(二)外轮廓精加工

外轮廓精加工不需要定义零件毛坯,只需选择被加工轮廓。相关参数设定步骤和粗加工设定基本一致,主要区别在于加工参数的选择上。

根据常规加工经验选择的外轮廓精加工相关参数如图 3-21～图 3-24 所示,供读者参考。

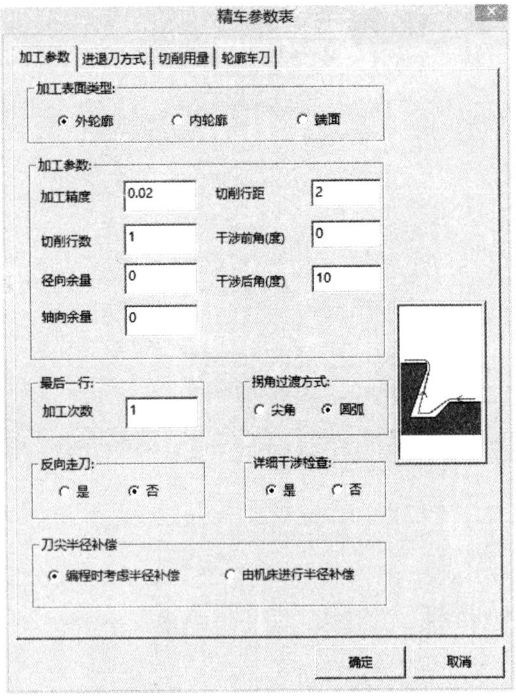

图 3-21 精加工参数

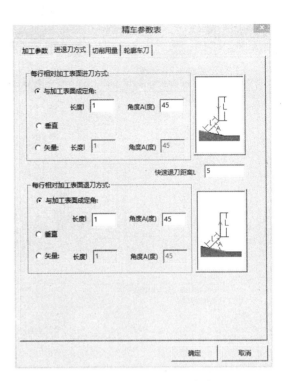

图 3-22 精加工进退刀方式

图 3-23 精加工切削用量

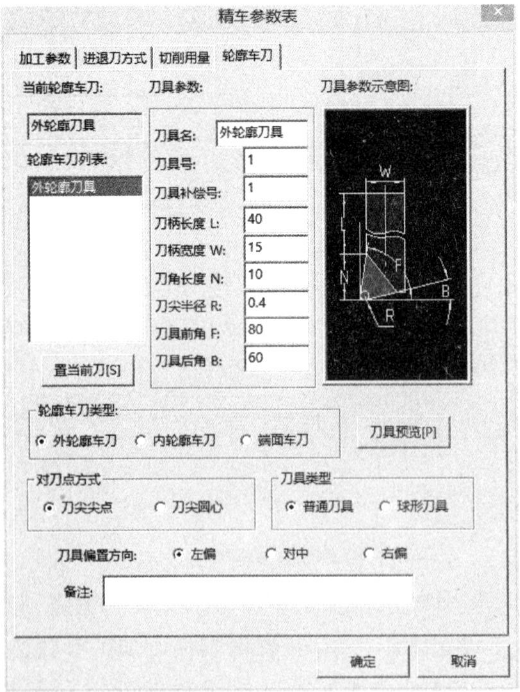

图 3-24 精加工刀具

（三）端面槽加工

单击切槽加工图标 ▣，弹出切槽参数表对话框，设置切槽相关参数，如图 3-25～图 3-27 所示。

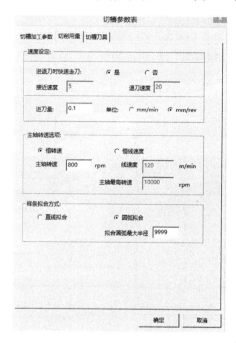

图 3-25　切槽加工参数　　　　　　　图 3-26　切槽加工切削用量参数

根据切槽所在部位不同，切槽表面类型分为外轮廓（外槽）、内轮廓（内沟槽）、端面（端面槽）。本工序加工端面槽，故选择为"端面"。

切槽不需选择毛坯轮廓，只需选择被加工轮廓，进退刀点应选择在端面槽外侧。生成的加工轨迹如图 3-28 所示。

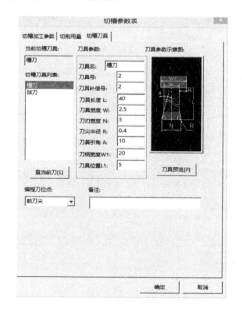

图 3-27　切槽刀具参数

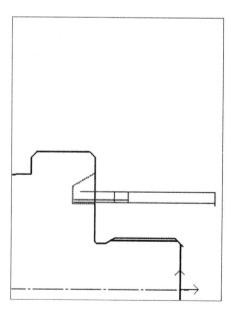

图 3-28　端面槽加工轨迹

（四）外螺纹加工

选择车螺纹加工图标 ，软件左下方弹出"拾取螺纹起始点"提示，单击外螺纹大径上的起始处的倒角点。软件左下方又弹出"拾取螺纹终点"提示，此时，单击外螺纹大径上终点处的倒角点，如图 3-29 所示。

注：螺纹实际起始点和终点可以在螺纹加工参数中进行详细设置。

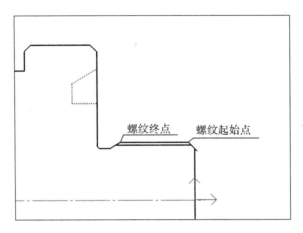

图 3-29　拾取螺纹起点与终点

单击螺纹终点后，软件会自动弹出螺纹参数表，根据常规加工经验设置的参数如图 3-30～图 3-34 所示。

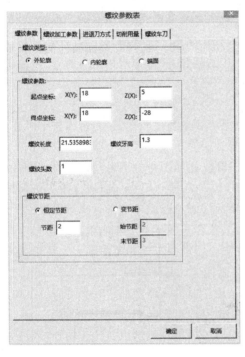

图 3-30　螺纹参数

图 3-31　螺纹加工参数

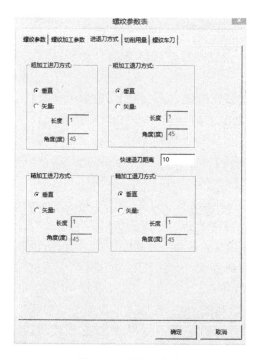

图 3-32　进退刀方式

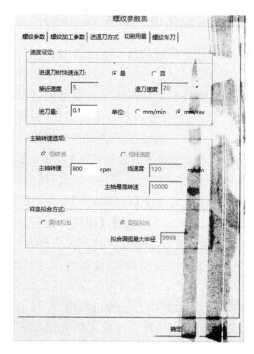

图 3-33　螺纹加工切削用量

参数设置完成后,根据提示在外螺纹右侧的安全位置拾取一个进退刀点。软件将自动生成螺纹加工刀具轨迹,如图 3-35 所示。

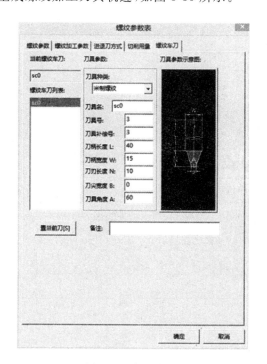

图 3-34　螺纹车刀

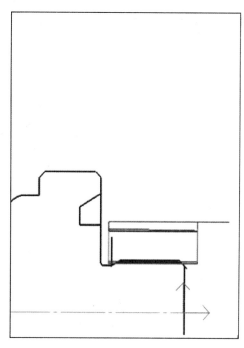

图 3-35　螺纹加工轨迹

四、技能实训

根据任务分析的软件操作步骤,在计算机上完成零件左端部分的自动编程轨迹生成。应注意以下问题:

(1)内、外轮廓加工程序通常由粗、精车两个部分组成,分别使用【轮廓粗车】、【轮廓精车】命令。两个命令的参数选项类似,为保证加工工艺的合理性及零件精度,在选择参数项时要注意各选项的功能及选项间的搭配关系。

(2)【轮廓粗车】、【轮廓精车】命令的【加工方式】直接影响加工路线的安排,有【行切方式】、【等距方式】两个选项。通常选择【行切方式】。

(3)【轮廓粗车】、【轮廓精车】命令的【刀尖半径补偿】参数对零件尺寸精度的影响较大,有【编程时考虑半径补偿】、【由机床进行半径补偿】两个选项。由于实际刀尖处是一个小圆弧(即刀尖圆弧),若编程时将刀尖假想为一点而直接沿轮廓编程,则在切削倒角、锥面、圆弧时会产生欠切或过切现象,使零件尺寸精度达不到要求。利用【由机床进行半径补偿】选项编程时,软件将刀尖假想为一点直接沿轮廓编程,并在程序内加入刀具半径补偿 G41/G42。这样,零件尺寸精度只能通过机床的刀具半径补偿功能满足,若加工操作时忘记输入刀尖半径 或刀尖位置号,就会使尺寸精度达不到要求。因此,一般不使用该选项,而使用【编程时考虑半径补偿】选项。该选项在编制程序时将刀路沿零件轮廓向外偏移一个刀尖半径,加工时不需使用半径补偿功能就可获得精确的尺寸。但要注意,使用该选项时,参数表中的【对刀点方式】参数必须选择【刀尖圆心】选项,否则仍会出现少切或过切现象。

(4)【轮廓粗车】、【轮廓精车】命令的【加工参数】中,"干涉前角"值必须小于或等于"干涉后角"值,且"干涉后角"值必须小于或等于【刀具参数】中"刀具后角"值。

(5)【轮廓粗车】、【轮廓精车】命令的【拐角过渡方式】一般选择"尖角"而不是"圆角",否则轴肩处都将形成圆角。

五、任务评价

根据技能实训情况,客观进行质量评价,评价表如表 3-4 所列。各项目配分分别为 10 分,按"好"计 100%,"较好"计 80%,"一般"计 60%,"差"计 40%的比例计算得分。

表 3-4　外圆、端面槽及外螺纹的轨迹生成任务评价

序号	评价项目	熟练程度自评				熟练程度互评			
		好	较好	一般	差	好	较好	一般	差
1	能正确设置工件原点								
2	能正确安排编程工艺								
3	能正确选择刀具								
4	能正确设置毛坯轮廓								
5	能正确设置刀具参数								
6	能正确设置切削参数								
7	能正确选择进退刀点								

序号	评价项目	熟练程度自评				熟练程度互评			
		好	较好	一般	差	好	较好	一般	差
8	能正确规划刀具路径								
9	能根据工艺生成 G 代码								
10	能独立完成任务								
评价小结									

六、技能拓展

试分析图 3-7 所示零件的加工工艺,并以 CAXA 数控车软件完成该零件右端部分的自动编程轨迹生成。

思考与练习

1. 设定工件毛坯应注意哪些问题?

2. 外圆粗、精加工的设定有何区别?

3. 轮廓粗车和轮廓精车的刀具轨迹有何不同?

4. 端面槽的加工应注意哪些问题?

5. 螺纹车削需要有退刀槽吗,为什么?

6. CAXA 数控车对于刀具前角、刀具后角的定义与"金属切削刀具"课程中的定义有何不同?

任务三　外槽、内孔及内螺纹的自动编程

 任务导入

用"CAXA 数控车"软件对外槽、内孔及内螺纹实现自动编程,仍然对应于切槽加工、轮廓粗精车和车螺纹等功能。软件操作的关键在于轮廓类型的选择、相关参数的设置以及进退刀点的设定要根据实际情况做出相应调整。

后置处理是自动编程的重要环节,主要包括机床设置、后置设置等内容。只有经过正确后置处理的加工轨迹,才能生成适合于对应机床与数控系统的加工程序。

一、任务布置

本任务以 CAXA 数控车软件为工具,完成图 3-1 所示零件右端部分的自动代码生成(刀具卡片和工艺卡片如表 3-1、表 3-2 所示)。

【知识目标】

(1)掌握外槽加工的自动编程方法。

(2)掌握内孔加工的自动编程方法。

(3)掌握内螺纹加工的自动编程方法。

【技能目标】

(1)会设置加工刀具的参数。

(2)会进行外槽加工的轨迹设置。

(3)会进行内孔加工的轨迹设置。

(4)会进行内螺纹加工的轨迹设置。

(5)会进行软件的后置处理。

(6)会根据加工轨迹生成 G 代码。

二、知识链接

(一)机床设置

机床设置就是针对不同的机床,不同的数控系统,设置特定的数控代码、数控程序格式及参数,并生成配置文件。生成数控程序时,系统根据该配置文件的定义生成用户所需要的特定代码格式的加工指令。

通过设置系统配置参数,后置处理所生成的数控程序可以直接输入数控机床进行加工,而无须进行修改。如果已有的机床类型中没有所需的机床,可增加新的机床类型以满足使用需求,并可对新增的机床进行设置。机床配置的各参数如图 3-36 所示,主要包括主轴控制、数值插补方法、补偿方式、冷却控制、程序起停以及程序首尾控制符等。

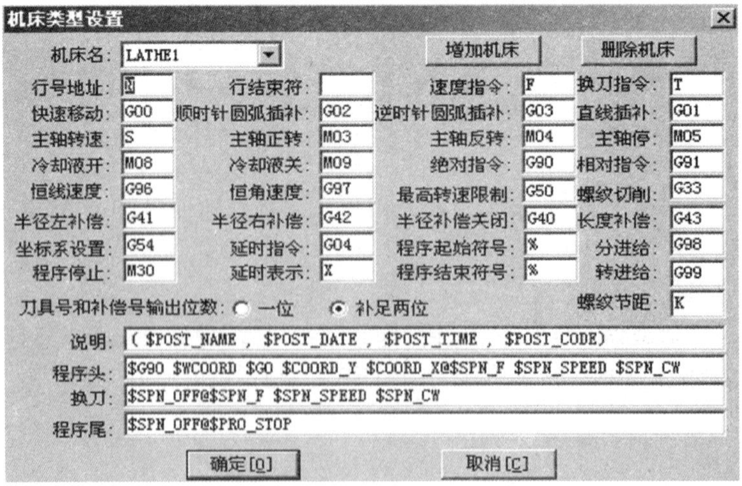

图 3-36 机床类型设置对话框

（二）后置设置

后置设置就是针对特定的机床，结合已经设置好的机床配置，对后置输出的数控程序的格式，如程序段行号、程序大小、数据格式、编程方式、圆弧控制方式等进行设置。设置界面如图 3-37 所示。

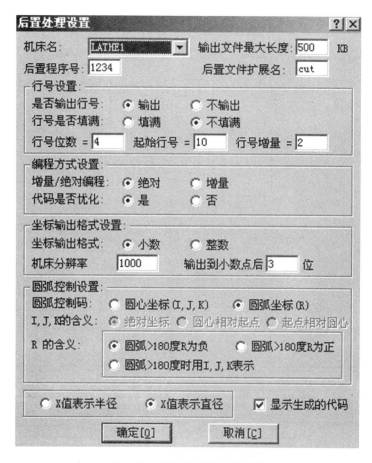

图 3-37　后置处理设置对话框

三、任务分析

（一）外轮廓粗精加工轨迹生成

调出任务一零件轮廓建模后"镜像"保存的图形，将零件的工件坐标系零点与软件的坐标零点重合，并将外槽和外圆弧的外轮廓部分先用直线进行连接，以方便外轮廓的加工（如图 3-38 所示）。依次设置毛坯轮廓、设置相关参数、拾取加工区域、生成刀路轨迹（如图 3-39 所示）。

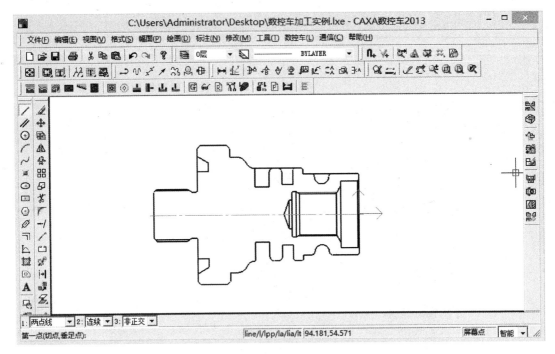

图 3-38 被加工轮廓的预处理

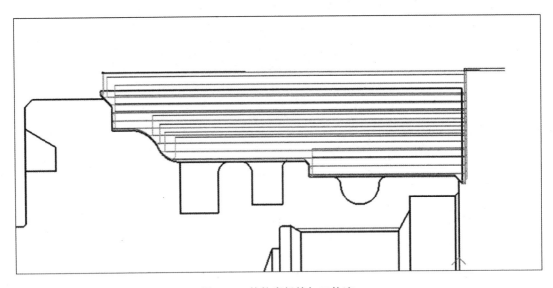

图 3-39 外轮廓粗精加工轨迹

(二)外轮廓槽加工轨迹生成

单击切槽加工图标，弹出切槽参数表对话框，设置切槽相关参数如图 3-40～图 3-42 所示。两处外直槽加工刀路轨迹如图 3-43 所示。

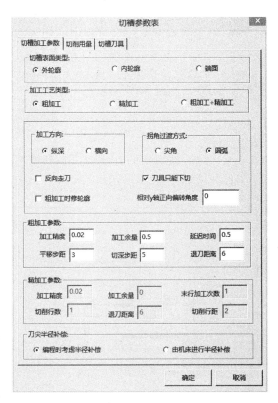

图 3-40　切槽加工参数

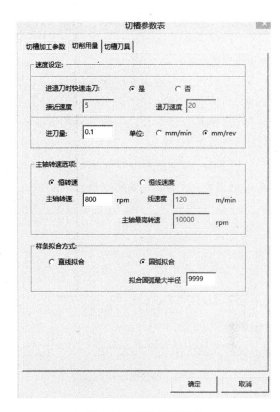

图 3-41　切槽切削用量

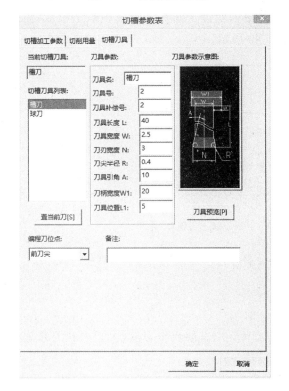

图 3-42　切槽刀具

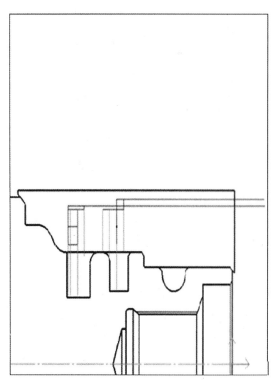

图 3-43　外直槽加工轨迹

对于外轮廓圆弧槽的加工,可在切槽参数的基础上进行修改,实现圆弧刀的加工编程。

(1)首先在圆弧的起点和终点位置各引出一条直线,用于圆弧刀在加工过程中的切入和切出(如图 3-44 所示)。

(2)圆弧刀一般都进行横向切削,且切削深度不能太大,需要在切槽加工参数表中"加工方式"一栏选择"横向","切深步距"一栏选择 1mm 左右的较小步距。

(3)切槽刀具参数表中圆弧刀的圆弧直径应等于刀具的刀刃宽度,故设定"刀尖半径"为 1.5,"刀刃宽度"为 3。

(4)单击确定选择加工轮廓(依次从切入的直线开始选择,到切出的直线结束),右击选择进退刀点,在零件的端面选择一个起刀点,生成的刀路轨迹如图 3-45 所示。

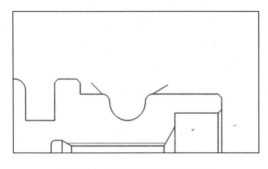 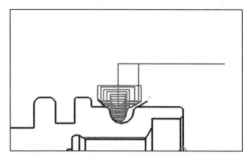

图 3-44　圆弧槽轮廓的预处理　　　　　图 3-45　圆弧槽加工轨迹

(三)内轮廓(内孔)加工轨迹生成

根据底孔直径绘制毛坯轮廓(如图 3-46 所示),单击粗加工图标■设置粗加工参数,弹出轮廓粗车对话框,设置相关参数如图 3-47~图 3-50 所示。

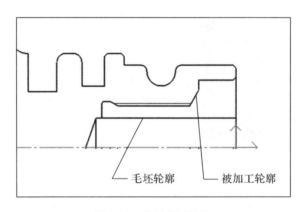

图 3-46　绘制毛坯轮廓

注意:

(1)在加工参数表中"加工表面类型"选择"内轮廓"。

(2)进退刀方式表中"快速退刀距离 L"选择 0.5mm 左右的较小距离(由于内孔刀在加工过程中与孔壁的距离较小,所以要选择较小的退刀距离)。

(3)按照加工所用内孔刀设置轮廓车刀参数。

(4)内孔精加工的参数设定方法和粗加工参数设定方法一致,但具体参数值需根据精加工要求选取。

内轮廓粗、精加工生成的刀路轨迹如图 3-51 所示。

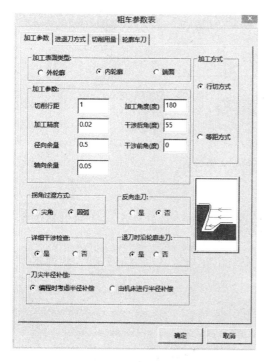

图 3-47 内孔加工参数

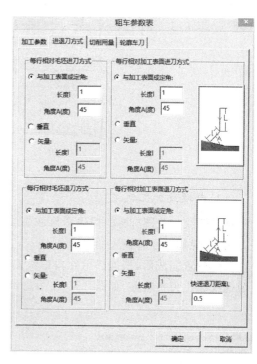

图 3-48 内孔进退刀方式

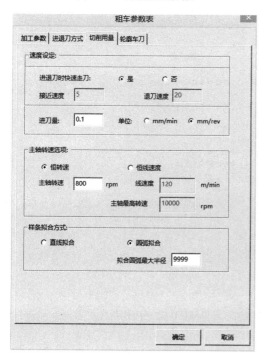

图 3-49 内孔切削用量

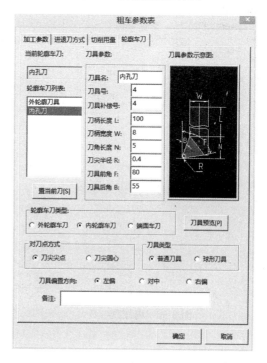

图 3-50 内孔轮廓车刀

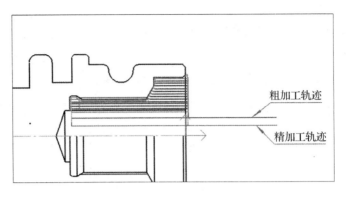

图 3-51　内轮廓粗精加工轨迹

(四)内螺纹加工轨迹生成

选择螺纹加工图标 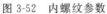，按提示拾取螺纹起始点和螺纹终点，软件会自动弹出螺纹参数表，根据常规加工经验设置的参数如图 3-52～图 3-56 所示，供读者参考。

参数设置完成后，根据提示在内螺纹右侧的安全位置拾取一个进退刀点。软件将自动生成螺纹加工刀具轨迹，如图 3-57 所示。

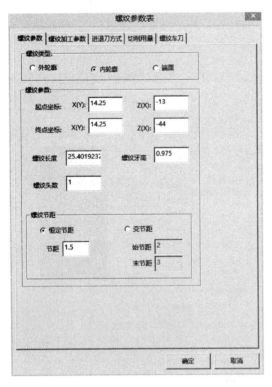

图 3-52　内螺纹参数

图 3-53　内螺纹加工参数

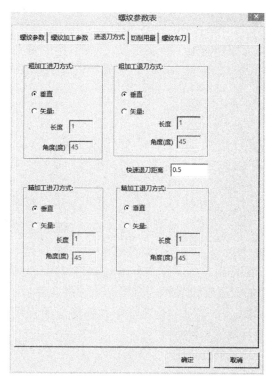

图 3-54　内螺纹进退刀方式

图 3-55　内螺纹切削用量

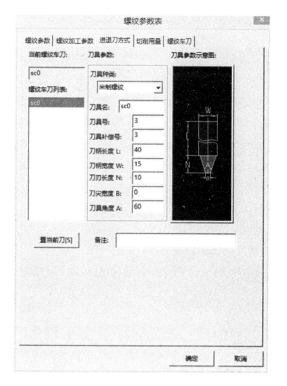

图 3-56　内螺纹车刀

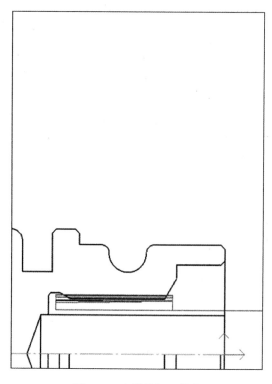

图 3-57　内螺纹加工轨迹

四、技能实训

根据任务分析的软件操作步骤,在计算机上完成零件的加工轨迹生成,并按下述说明完成后置处理。

(一)机床设置

1.机床参数设置

(1)行号地址:(N××××)即程序段号,可以从 1 开始,连续递增,也可以间隔递增。

(2)行结束符:";"表示一个程序段的结束,不同的系统,程序段结束符一般不同;

(3)系统指令:包括 G、S、F、T、M 等指令名称符号的匹配。

2.程序格式设置

对 G 代码各程序段进行设置,包括程序起始符号、程序结束符号、程序说明、程序头和程序尾换刀段。

(1)程序说明:说明部分是对程序的名称、与此程序对应的零件名称编号、编制日期和时间等有关信息的记录。程序说明部分是为了管理的需要而设置的。有了这个功能项目,用户可以很方便地进行管理。比如要加工某个零件时,只需要从管理程序中找到对应的程序编号即可,而不需要从复杂的程序中去一个一个地寻找需要的程序。

例:($ POST_NAME , $ POST_DATE , $ POST_TIME)

生成的程序为(3333.CUT,16/08/16,11:05:57)对应的解释为"当前后置文件名为3333.CUT,当前时间为 16/08/16,当前时间为 11:05:57"。

(2)程序头:针对特定的数控机床来说,其数控程序开头部分都是相对固定的,包括一些机床信息,如机床回零、工件零点设置、主轴启动,以及冷却液开启等。

例: $ G40G97G99@T $ TOOL_NO 03@ $ SPN_F $ SPN_SPEED $ SPN_CW@ $ COOL_ON

生成的程序为 N10 G40 G97 G99;(对应为 $ G40G97G99@) N15 T0303;(对应为 T $ TOOL_NO03@) N20 S600 M03;(对应 $ SPN_F $ SPN_SPEED $ SPN_CW@) N25 M08;(对应为 $ COOL_ON)

(3)换刀:换刀指令提示系统换刀,换刀指令可以由用户根据机床设定,换刀后系统要提取一些有关刀具的信息,以便于必要时进行刀具补偿。

例: $ SPN_OFF@T $ TOOL_NO01@ $ SPN_F $ SPN_SPEED $ SPN_CW

生成的程序为 N980 M05;(对应为 $ SPN_OFF@) N985 T0101;(对应为 T $ TOOL_NO01@) N990 S1000 M03;(对应为 $ SPN_F $ SPN_SPEED $ SPN_CW)

(4)程序尾:数控程序结尾部分也是相对固定的,例如冷却液关,主轴停止转动,程序结束等。

例: $ COOL_OFF@ $ SPN_OFF@ $ PRO_STOP

生成的程序为 N5425 M09;(对应为 $ COOL_OFF@) N5430 M05;(对应为 $ SPN_OFF@) N5435 M30;(对应为 $ PRO_STOP)

(二)后置设置

(1)机床系统:数控程序必须针对特定的数控机床,特定的数控机床有其特定的配置,后置设置必须先调用机床配置。如图 3-37 中的机床名一栏"LATHE1"就可以很方便地从配置文件中调出机床的相关配置。

(2)输出文件最大长度:输出文件长度可以对数控程序的大小进行控制,文件大小控制以 字节(KB)为单位。当输出的代码文件长度大于规定长度时系统将自动分割文件,即将一个大文件分割成几个小文件。

(3)行号设置:程序段行号设置包括行号的位数、行号是否输出、行号是否填满、起始行号以及行号递增数值等。

(4)编程方式设置:有绝对编程和相对编程两种方式。本例为 FANUC 0i 系统,采用的代码为 A 类 G 代码,用 X_ Z_ 表示的坐标 即为绝对编程,用 U_ W_ 表示的坐标即为相对(增量)编程,如系统采用的是 B 类或 C 类 G 代码时,则应指定 G90 为绝对编程,G91 为相对编程。所以针对不同的机床和系统,要根据不同的情况具体设置出适合的配置文件。

(5)坐标输出格式设置:决定数控程序中数值的格式是小数输出还是整数输出;机床分辨率就是机床的加工精度,如果机床精度为 0.001mm,则分辨率设置为 1000,以此类推;输出小数位数可以控制加工精度。但在软件设置时要注意不能超过实际机床的精度,否则无意义。

(6)圆弧控制设置:主要设置控制圆弧的编程方式,即采用圆心编程(I、K)方式还是采用半径编程(R)方式。

(7)直径编程/半径编程设置:对于数控车系统通常采用的都是直径编程。

(8)显示生成的代码:勾选此选项时,可以在 Windows 记事本显示生成的代码。

(三)生成代码

生成代码就是按照当前机床类型的配置要求,把已经生成的加工轨迹转化生成 G 代码数据文件,即 CNC 数控程序。包括以下操作步骤:

(1)在【数控车】子菜单区中选取【生成代码】功能项,则弹出一个需要用户输入文件名的对话框,要求用户填写后置程序文件名,如图 3-58 所示。此外,系统还在信息提示区给出当前生成的数控程序所适用的数控系统和机床系统信息,它表明目前所调用的机床配置和后置设置情况。

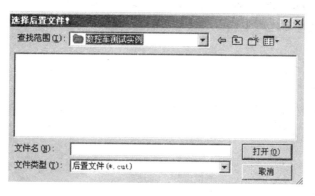

图 3-58 选择后置文件对话框

(2)输入文件名后选择保存按钮,系统提示拾取加工轨迹。当拾取到加工轨迹后,该加工轨迹变为被拾取颜色。右击结束拾取,系统即生成数控程序。拾取时可使用系统提供的拾取工具,可以同时拾取多个加工轨迹,被拾取轨迹的代码将生成在一个文件当中,生成的先后顺序与拾取的先后顺序相一致。

五、任务评价

根据技能实训情况客观进行质量评价,评价表如表 3-5 所列。各项目配分分别为 10 分,按"好"计 100%,"较好"计 80%,"一般"计 60%,"差"计 40% 的比例计算得分。

表 3-5 外槽、内孔及内螺纹的自动编程任务评价表

序号	评价项目	熟练程度自评				熟练程度互评			
		好	较好	一般	差	好	较好	一般	差
1	能正确设置工件原点								
2	能正确安排加工工艺								
3	能正确选择刀具								
4	能正确设置毛坯轮廓								
5	能正确设置刀具参数								
6	能正确设置切削参数								
7	能正确规划走刀路径								
8	能正确选择进退刀点								
9	能根据工艺生成 G 代码								
10	能独立完成任务								
评价小结									

六、技能拓展

试分析图 3-7 所示零件的加工工艺,并以 CAXA 数控车软件完成该零件左端部分的加工轨迹生成、后置处理和代码生成。

思考与练习

1. 切槽时,被加工轮廓如何拾取?

2. 轮廓较复杂,仅靠轮廓车刀无法一次完成加工的情况,该如何进行编程处理?

3. 内轮廓加工中,如何设置退刀距离?

4. 外、内螺纹自动编程方法有何区别?

模块四 工艺较复杂零件的加工技术

知识目标

(1)掌握加工细长轴类零件的相关知识。

(2)掌握加工薄壁类零件的相关知识。

(3)掌握加工 Tr 螺纹类零件的相关知识。

(4)掌握加工深孔类零件的相关知识。

技能目标

(1)会在数控车床上进行细长轴类零件的加工。

(2)会在数控车床上进行薄壁类零件的加工。

(3)会在数控车床上进行 Tr 螺纹类零件的加工。

(4)会在数控车床上进行深孔类零件的加工。

任务一 细长轴类零件的加工技术

任务导入

零件的长度与直径之比大于 25(即 $L/d > 25$)的轴叫细长轴。细长轴本身的刚性很差,在加工过程中受切削力、切削热等因素影响,工件易产生变形和振动,而且零件的自重和转动时的离心力,又将加剧变形和振动,导致形状精度、表面质量随之下降。L/d 值越大,车削加工越困难。因此,车削细长轴,对于刀具、机床精度、切削用量、辅助工具、工艺过程和操作方法等诸多方面都有较高的要求,是一项技术性较强的工艺操作技能。

一、任务布置

本任务以细长轴为主要加工对象,学习细长轴的相关知识、细长轴的加工方法,学会在数控车床上加工细长轴。

【知识目标】

(1)掌握细长轴加工的关键技术。

(2)掌握细长轴的车削方法。

【技能目标】

(1)会使用中心架、跟刀架安装工件。

(2)能合理选择车削刀具及切削用量。

(3)能解决车削细长轴过程中出现的竹节形、多棱形、振动、弯曲变形等质量问题。

二、知识链接

(一)细长轴车削的关键技术

1.细长轴的加工特点

细长轴本身的刚性很差,车削时受切削力、切削热、振动、自重等多种因素的影响,加工比较困难,主要反映在以下几个方面:

(1)工件刚性差,加工时易因径向切削力及工件自重的影响而产生弯曲变形,降低加工精度和表面质量。

(2)工件的散热性能差,因此在切削热的作用下会产生相当大的线膨胀,由于长轴的加工通常采用两顶尖装夹,工件受挤压而产生弯曲变形。若在高速旋转的情况下,离心力还将加剧轴的弯曲变形。

(3)若工件较长,加工时一次走刀所需的时间相应增加,刀具磨损较快,从而增大了工件的形状误差。

2.细长轴车削的关键技术

细长轴的车削对刀具、机床精度、辅助工具精度、切削用量的选择、工艺安排以及操作方法等,都提出了较高的要求,为此,生产中常采用下列措施予以解决:

(1)改进工件的装夹方法。粗加工时,由于切削余量大,工件受的切削力也大,一般采用卡顶法,尾座顶尖采用弹性顶尖,可以使工件在轴向自由伸长。但是,由于顶尖弹性的限制,轴向伸长量也受到限制,因而顶紧力不是很大,在高速、大用量切削时,有使工件脱离顶尖的危险。采用卡拉法可避免这种现象的产生。精车时,采用双顶尖法(此时尾座应采用弹性顶尖)有利于提高精度,其关键是提高中心孔精度。

(2)采用跟刀架。跟刀架是车削细长轴极其重要的附件。采用跟刀架能抵消加工时径向切削分力的影响,从而减少切削振动和工件变形,但必须注意仔细调整,使跟刀架的中心与机床顶尖中心保持一致。

(3)采用反向进给。车削细长轴时,常使车刀向尾座方向做进给运动(此时应安装卡拉工具),这样刀具施加于工件上的进给力方向朝向尾座,因而有使工件产生轴向伸长的趋势,而卡拉工具大大减少了由于工件伸长造成的弯曲变形。

(4)采用车削细长轴的车刀。车削细长轴的车刀一般前角和主偏角较大,以使切削轻快,减小径向振动和弯曲变形。粗加工用车刀在前刀面上开有断屑槽,使断屑容易。精车用刀常有一定的负刃倾角,使切屑流向待加工面。

(5)选择并充分使用冷却效果好的切削液,减少工件吸收的热量。

（二）中心架、跟刀架的正确使用

1. 应用中心架支撑车细长轴

中心架是车床的附件，在车刚度低的细长轴，或是不能穿过车床主轴孔的粗长工件，以及孔与外圆同轴度要求较高的较长工件时，往往采用中心架来增强刚度、保证同轴度。

（1）常见中心架的形式。中心架的结构如图 4-1 所示。工作时架体 1 通过压板 8 和螺母 7 紧固在床身上，上盖 4 和架体用圆柱销进行活动连接，为了便于装卸工件，上盖可以打开或扣合，并用螺钉 6 锁定。三个支承爪 3 的升降分别用三个调整螺钉 2 来调整，以适应不同直径的工件，并分别用三个紧固螺钉 5 锁定。

中心架的支承爪是易损件，磨损后可以更换，其材料应选用耐磨性好、不易研伤工件的材料，通常采用青铜、球墨铸铁、胶木、尼龙等材料。

中心架一般有两种常见形式。除图 4-1 所示的普通中心架外，另一种为滚动轴承中心架，其结构大体与普通中心架相同，不同之处在于支承爪前端装有三个滚动轴承，以滚动摩擦替代滑动摩擦，如图 4-2 所示。滚动轴承中心架的优点是耐高速，不会研伤工件表面，缺点是同轴度稍差。

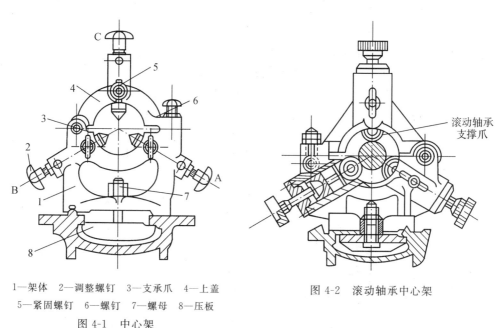

1—架体　2—调整螺钉　3—支承爪　4—上盖
5—紧固螺钉　6—螺钉　7—螺母　8—压板
图 4-1　中心架

图 4-2　滚动轴承中心架

使用中心架支撑车细长轴的关键是使中心架与工件表面接触的三个支承爪所决定的圆，其圆心必须在车床主轴的回转轴线上。

车削时工件采用两顶尖装夹或一夹一顶方式装夹。

（2）用两顶尖装夹工件。先在工件中部中心架支撑部位用低速、小进给量的切削方法车出一段沟槽，沟槽直径应略大于该处工件要求的尺寸，沟槽宽度应宽于支承爪，沟槽应有较小的表面粗糙度值和较高的形状精度，然后装上中心架，在加工时按 A—B—C 的顺序调整中心架的三个支承爪（如图 4-3 所示），使它们与沟槽的槽底圆柱表面轻轻接触。

车削完一端后，将工件调头装夹，用中心架的三个支承爪轻轻支撑已加工表面，再加工

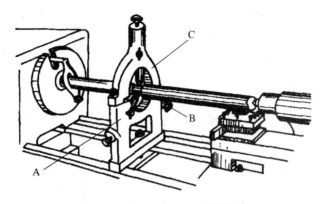

图 4-3　用中心架支撑车细长轴

另一端至尺寸要求。

　　用中心架支撑车细长轴适用于工件加工精度要求不高,可以采用分段车削或调头车削的场合。

　　对于外径不规则的工件(如中心架支撑部位有键槽或花键等)或毛坯,可以采用中心架配以过渡套筒支撑工件的方式车削细长轴。过渡套筒如图 4-4 所示,其内孔比被加工工件外径大 20mm 左右,外径的圆度误差应在 0.02mm 以内,过渡套筒两端各装有 3～4 个调整螺钉用于夹持和调整工件。使用时,调整这些螺钉,并用百分表校正,使过渡套筒外圆的轴线与主轴轴线重合(如图 4-5 所示),然后装上中心架,使三个支承爪与过渡套筒外圆轻轻接触,并能使工件均匀转动,即可车削,如图 4-6 所示。车完一端后,撤去过渡套筒,调头装夹工件,调整中心架支承爪与已加工表面接触,再车另一端。

　　车削时,支承爪与工件接触处应经常加润滑油,防止磨损或"咬坏",并随时掌握支承爪的摩擦发热情况。

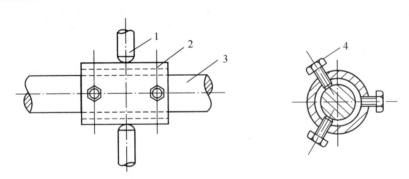

1—中心架支承爪　2—过渡套筒　3—工件　4—调整螺钉
图 4-4　过渡套筒

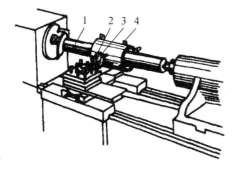

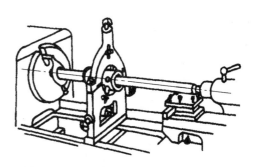

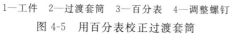

1—工件　2—过渡套筒　3—百分表　4—调整螺钉

图 4-5　用百分表校正过渡套筒

图 4-6　用中心架-过渡套筒支撑车细长轴

(3)用卡盘装夹和中心架支撑工件。当工件一端用卡盘夹紧，另一端用中心架支撑时，工件在中心架上装夹的校正有以下三种形式：

①工件经一夹一顶半精车外圆后，若需车端面、车孔或精车外圆时，由于经半精车的外圆与车床主轴同轴，所以只需将中心架放置并固定在床身上的适当位置，以外圆为基准，依次调整中心架的三个支承爪与工件外圆轻轻接触，并用紧固螺钉锁紧支承爪，在支承爪与工件接触处加注润滑油，移去尾座，校正完成，即可车削。

②外圆已加工且不太长的工件，可以一端夹持在卡盘上，另一端用中心架支撑。在校正开始时，先用手转动卡盘，用划针或(和)百分表校正工件两端外圆，然后依次调整中心架的三个支承爪，使之与工件外圆轻轻接触。

③外圆已加工且工件较长时，可以将工件一端夹持在卡盘上，另一端用中心架支撑。先在靠近卡盘处将工件外圆校正，然后摇动床鞍、中滑板，用划针或百分表在工件两端做对比测量(当工件两端被测处直径相同)，或用游标高度尺测量两端实际尺寸，然后减去相应的半径差进行比较(当工件两端被测处直径不同)，以此来调整中心架支承爪，使工件两端高低一致、前后一致，如图 4-7 所示。

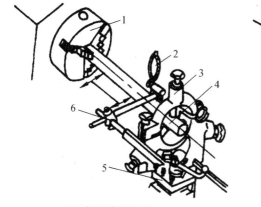

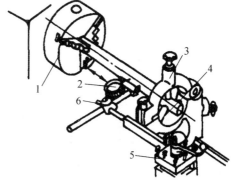

(a) 校正高低位置

(b) 校正前后位置

1—三爪自定心卡盘　2—百分表　3—中心架　4—工件　5—刀架　6—表架连杆

图 4-7　在中心架上校正工件位置

　　(4)尾座中心位置的校正。两顶尖装夹、中间用中心架支撑车削细长轴时,常出现车出的外圆有锥度,产生锥度的原因除中心架支承爪调整不当或支承爪本身的接触状态不良外,尾座的偏移是一个重要因素,所以必须认真校正尾座。尾座校正的方法是在车中心架支撑部位的外圆柱面的同时,在工件两端各车一段直径相同的外圆(应留足够的加工余量),用两块百分表校正尾座的中心位置,如图4-8所示。两百分表分别同时测量中滑板的进给量读数和工件外圆读数。若测得工件两端中滑板进给量读数相同,而外圆的读数不同,说明尾座中心偏移,应进行校正,直到工件两端百分表读数相同为止。

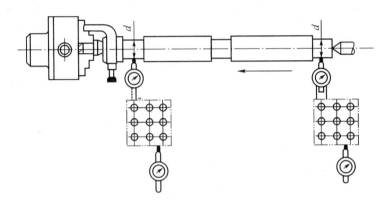

图 4-8　用两块百分表校正尾座中心位置

　　尾座校正后,如果细长轴车削中仍发现锥度,则先检查是否因车刀严重磨损引起,如果不是,则可判定原因是中心架支承爪将工件支撑偏离所致,只需调整中心架下面两个支承爪即可。

　　2. 应用跟刀架支撑车细长轴

　　跟刀架也是车床的附件,一般固定在车床床鞍上,车削时跟随在车刀后面移动,承受作用在工件上的切削力。细长轴刚度低,车削较困难,若采用跟刀架来支撑,可以增强其刚度,防止工件弯曲变形,保证细长轴的加工质量。

　　(1)跟刀架的结构和选用。跟刀架常用的有两种,即两爪跟刀架和三爪跟刀架,如图4-9所示。

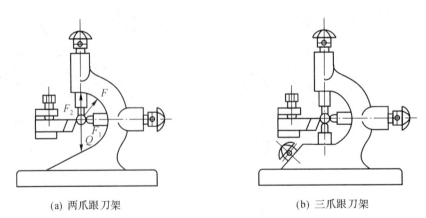

(a) 两爪跟刀架　　　　　　　　　　(b) 三爪跟刀架

图 4-9　跟刀架的种类

跟刀架的结构如图 4-10 所示。支承爪 1、2 的径向移动可直接通过旋转手柄 4 实现;支承爪 3 的径向移动则通过旋转手柄,使锥齿轮 5 转动,带动锥齿轮 6 使丝杆 7 转动来实现。

跟刀架的支承爪 1、2 用来承受工件上切削力 F 的两个分力,而重力对工件的作用则由支承爪 3 来承受。对于具有足够刚度,不因重力而引起弯曲变形的工件,使用两爪跟刀架可以满足加工要求;但刚度低,在重力作用下容易产生弯曲变形的细长轴,为避免车削时工件受重力作用产生变形而瞬时离开支承爪、瞬时接触支承爪,引起振动,需选用三爪跟刀架支撑工件,使工件支撑在三个支承爪和车刀刀尖之间,上下、左右不能移动,保证车削稳定。

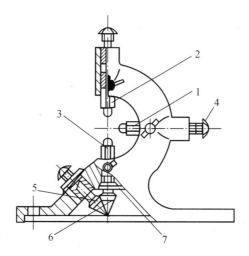

1,2,3—支承爪 4—手柄 5,6—锥齿轮 7—丝杆

图 4-10 跟刀架的结构

(2)跟刀架支承爪的调整。

①在工件的已加工表面上,调整支承爪与车刀的相对支撑位置,一般是使支承爪位于车刀的后面,两者轴向距离应小于 10mm。

②先调整后支承爪。调整时,应综合运用手感、耳听、目测等方法控制支承爪,使它轻微接触到外圆为止。再依次调整下支承爪和上支承爪,要求各支承爪都能与轴保持相同的合理间隙,使轴可自由转动。

跟刀架支承爪与工件的接触压力应调整适当,否则会影响加工精度,使工件产生"竹节"形的形状误差,如图 4-11 所示。

工件在尾座端由后顶尖支承,刚开始车削时,工件不易发生变形,支承爪压力调整不适当不会反映到工件上去,但车削一段距离后,车刀远离后顶尖,工件刚度逐渐降低,容易发生变形。此时若支承爪的接触压力过小,甚至没有接触,则没有起到增加刚度的作用;若接触压力过大,使工件被顶向车刀,切削深度增大,造成车出的直径偏小。当跟刀架支承爪随车刀移动,支撑到这一段外圆时,支承爪与工件表面的接触压力突然减小,甚至支承爪与工件脱离接触,这时工件在径向切削分力的作用下向外偏让,使切削深度减小,于是车出的直径偏大。以后当支承爪支撑到这一段直径偏大的外圆时,又会将工件顶向车刀,使车出的直径偏小。如此周而复始有规律地变化,会把细长工件车成"竹节"形。

(3)支承爪的修正。车削时,发现跟刀架支承爪与工件有如图 4-12(a)所示的不良接触状态时,必须对支承爪进行修正,如图 4-12(b)所示。

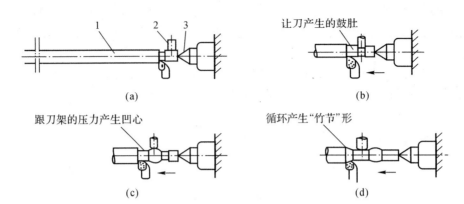

1—工件　2—跟刀架支承爪　3—尾座顶尖

图 4-11　车细长工件时"竹节"形的形成过程

(a)工件轴线被顶向车刀,车出凹面　(b)工件轴线被径向切削分力顶离车刀,车出凸面

(c)工件轴线再次被顶向车刀,车出凹面　(d)工件轴线再次被顶离车刀,车出凸面

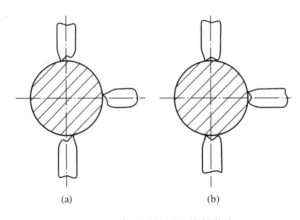

图 4-12　支承爪的不良接触状态

修正可在车床上进行,先将跟刀架固定在床鞍上,再将有可调刀杆的内孔车刀装在卡盘上,调整支承爪位置,然后使主轴(车刀)转动,用床鞍作为纵向进给车削支承爪的支撑面,使三个支撑面构成的圆的直径基本等于工件支撑轴颈的直径。

跟刀架主要用于车削长丝杠、细长轴,不允许调头接刀加工时使用,工件通常以一夹一顶的方式装夹。正、反向进给车削均可采用。相较而言,反向车削的效果更好,能减小车削时的振动和弯曲变形。

3.使用中心架、跟刀架的注意事项

(1)工件材料必须消除内应力,特别是精车前,若材料弯曲度较小,则应先进行校直或应设法把弯曲点移至工件两端,避免因离心力而影响车削。

(2)中心架支承爪与工件接触部位先用黄油,加工中补充机油予以充分润滑,跟刀架使用中应不断加注机油,保持支承爪、工件接触的良好润滑。

(3)顶尖的顶紧力要适当,尾座套筒伸出部分应尽可能短些。顶得太紧容易出现弯曲变形,顶得太松则易引起振动。

（4）加工过程中若出现偏差，应松开支承爪，待形状偏差消除并重新调整支承爪后再继续车削。

（5）保证工件回转轴线与主轴回转轴线一致，加工余量的确定与长径比有关，长径比愈大，所留余量愈多。如长径比为 30 时，余量一般为 4mm 左右，而长径比为 50 时，余量应增至 5～6mm，但车削细长轴的切削用量却不宜过大。

（6）工件支承部外圆与毛坯表面交界处采用圆锥过渡，可避免切削负荷突然增加而造成的让刀和工件变形。

（三）车削细长轴刀具角度的选择

车削细长轴时，由于工件刚度低，车刀的几何形状对减小作用在工件上的切削力、减小工件弯曲变形和振动、减少切削热的产生均有明显的影响，选择时主要考虑：

（1）在不影响刀具强度的情况下，应尽量增大车刀的主偏角，以减小径向切削分力，一般取 80°～93°。刀尖圆弧半径小于 0.3mm，也有利于减小径向切削力。

（2）取较大的前角，以减小切削力和切削热，一般取 15°～30°。主刀刃倒棱宽度按走刀量的一半选取，可减小切削力，并在前刀面上磨有 $R1.5～3$mm 断屑槽，促使切屑卷曲折断。

（3）选择正刃倾角，使切屑流向待加工表面，一般取 3°～10°。

此外，选用红硬性和耐磨性好的刀片材料，使切削刃经常保持锋利，表面粗糙度 Ra 值小于 0.4μm。

（四）车削细长轴切削用量的选择和冷却润滑

1. 车削细长轴切削用量的选择

主要根据长径比和加工性质确定车削细长轴切削用量，原则是尽可能减小径向切削分力，减少切削热。同时还要考虑细长轴车削的特点和具体的车削方式，以多走刀、小切深的方式解决工件刚性不足的问题，减少振动的产生。如用 YT15 硬质合金车刀，使用卡盘和弹性回转顶尖一夹一顶装夹及跟刀架支承，反向进给精车细长轴，选用 $V_c=60～80$m/min；$a_p=0.3～0.5$mm；$f=0.1～0.2$mm/r。当使用卡盘和弹性回转顶尖一夹一顶装夹及跟刀架支承或以卡盘、拉头一夹一拉及跟刀架支承，用宽刃刀反向进给薄屑精车细长轴，切削用量的选择情况可为 $V_c=1.0～2.0$m/min，$a_p=0.02～0.05$mm，$f=10～14$mm/r。

一般情况下，车削细长轴时，应选择较低切削速度、较小吃刀深度及稍微大的进给量，如表 4-1 所示。

表 4-1　车细长轴切削用量的选择（参考）

加工性质	使用刀具	a_p/mm	f/(mm·r^{-1})	V_c/(m·min^{-1})	余量/mm
粗车毛坯	80°偏刀	2～3	0.4～0.5	25～50	1～1.5
粗车	93°偏刀	1～1.5	0.4～0.5	30～60	0.2～0.5
半精车	93°偏刀	0.5～1	0.3～0.4	35～70	0.02～0.04
精车	宽刃刀	0.02～0.04	4～8	3～5	0.04～0.08
	滚压	0.015	0.2～0.3	40～60	<0.03

备注：采用硫化切削油、菜籽油或乳化液冷却润滑，工件材料为 45 钢及普通合金钢。

2．车削细长轴的冷却润滑

在细长轴的车削中，冷却润滑也是一个较为重要的问题，粗车时产生大量的切削热，会给车削带来困难，需使用冷却性能好的乳化液并充分浇注，尽快降低工件的温度；精车时须保持刀具良好的切削性能，以获得好的加工质量，应选用润滑性能好的植物油，也可使用硫化切削油。

切削液的加注应保证在切削过程中不间断，否则容易造成刀片的碎裂或跟刀架支承爪的损坏。

（五）减少热变形对车削细长轴的影响

1．工件热变形的影响

车削细长轴时，因工件细长，热扩散性能差，在传导给工件的切削热的作用下，工件受热伸长变形产生相当大的线膨胀。由于车削细长轴时工件一般采用两顶尖装夹或一夹一顶装夹，其轴向位置是固定的，工件的伸长将导致发生弯曲，在工件高速回转时，由工件弯曲而引起的离心力，还将使弯曲进一步加剧，使车削无法进行。工件的伸长还可能造成工件在两顶尖间被卡住的现象。

2．减少热变形影响的主要措施

（1）细长轴采取一夹一顶的装夹方式，卡盘夹持的工件部分不宜过长，一般在 15mm 左右。最好将钢丝圈垫在卡盘爪的凹槽中（如图 4-13 所示），使与工件成点接触，工件在卡盘内能自由调节其位置，避免夹紧时产生弯曲力矩，当工件在切削过程中发生热变形伸长，也不会因卡盘夹死而产生内应力。

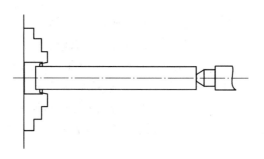

图 4-13　垫钢丝圈装夹工件

（2）使用弹性回转顶尖（如图 4-14 所示）来补偿工件的热变形伸长。

（3）采用反向进给方法车削。反向进给就是车削时床鞍带动车刀由床头箱向尾座方向运动。反向进给时工件所受的轴向切削分力使工件受拉（与工件伸长变形方向一致），由于细长轴左端通过钢丝圈固定在卡盘内，右端支撑在弹性回转顶尖上，可以自由伸缩，不易产生弯曲变形，而且还能使工件获得较高的加工精度和较小的表面粗糙度值。

（4）充分加注切削液可有效地减少工件所吸收的热量，减少工件的热变形伸长，还可以降低刀尖的温度，延长刀具的使用寿命。因此，车削细长轴时，无论是低速切削，还是高速切削，都必须充分加注切削液。

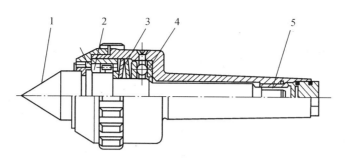

1—顶尖 2—圆柱滚子轴承 3—碟形弹簧 4—推力球轴承 5—滚针轴承

图 4-14 弹性回转顶尖

(六)车削细长轴容易出现的质量问题及解决措施

1. 弯曲

工件长径比大,刚性差,车削时径向力和离心力的作用、工件产生热变形伸长、毛坯材料本身为变形杆件等多方面的因素,都会造成工件弯曲。

解决办法:使用中心架、跟刀架,以增强工件的刚性;合理选择刀具几何角度,减小径向力;充分浇注切削液;减少切削热的产生,使用弹性顶尖,减小工件线膨胀带来的不利影响;对毛坯或工件进行必要的热处理等。

毛坯材料本身或加工中出现弯曲,则应及时校直后再进行车削。具体可根据需要选择热锻校直、冷压校直、淬火校直、反击法校直、撬打校直等方法。

2. 锥度

工件回转中心与主轴回转中心不同轴,刀具切削过程中的磨损,均会导致工件产生锥度。

解决办法:仔细调整尾座使工件轴线与车床主轴轴线同轴,选择耐磨性能好的刀具材料并采用合理的几何角度,改善润滑状况等,将有利于减少锥度的产生。

3. "腰鼓"形

加工的零件两端直径小,中间直径大。其主要的原因是工件的刚性差、车削中出现让刀及跟刀架的使用不当。

解决办法:增大车刀主偏角,保持刀刃锋利以减少切削中径向切削分力,避免出现让刀;车削中途随时检查、调整支承爪,保持支承爪圆弧面中心与车床主轴旋转中心重合。

4. "中凹"形

工件两端直径大而中间直径小。半精车、精车细长轴跟刀架一般都支承于工件待加工表面,其外侧支承爪压紧力太大,迫使工件偏向车刀一边,增加了吃刀深度,即出现这种缺陷。

解决办法:将跟刀架支承爪与工件表面的接触状况调整适当,即能解决上述问题。

5. "竹节"形

工件表面直径不等,呈一段大一段小有规律的变化状,或是表面出现等距不平的现象。粗车细长轴或跟刀架支承于工件已加工表面,其外侧支承爪调整过紧,迫使工件偏向车刀,由于吃刀深度增加而将直径车小,随着床鞍的移动,支承爪移至工件直径较小的区段时,在径向切削力的影响下,工件恢复原状。由此吃刀深度减小至初定值,工件直径也相应变化,使支承爪的压紧程度又恢复到初始状态,如此不断重复,形成了有规律的竹节。除此以外,回转顶尖的精度不高,溜板间隙较大,也会出现类似现象,区别在于:若竹节在车削一段时间后出现,是由于跟刀架支承过紧所致,而过早出现竹节形,则是顶尖或滑板间隙方面的原因引起等原因,都会导致竹节形缺陷的产生。

解决办法:选用精度较高的回转顶尖,控制溜板间隙不应过大,在溜板行进过程中调整跟刀架支承爪,可较好控制支承爪与工件的接触状况,粗车时接刀均匀,防止跳刀现象,均能避免竹节形缺陷的出现。

6.多棱形

工件的径向剖面呈多角形。它的出现与低频振动有密切关系。工件在圆周方向上的切削深度呈周期性变化,如跟刀架的安装不够牢固,支承爪圆弧面与工件接触不良,工件顶尖孔粗糙且不圆等,工件弯曲过大或顶尖顶得过紧,工件受热伸长、装夹部太长等,都可能引起振动而产生多棱形。此外,走刀量太小,切削速度太高,切削深度太大,也容易引起振动而出现多棱形。

解决办法:控制毛坯或工件弯曲度在 2mm 范围内,尾座顶尖顶紧力不宜过大并随时检查、调整其支顶的松紧程度,降低切削热以减少工件的线膨胀,工艺系统刚性不足时适当减小切削用量,均能有效遏制多棱形的出现。

7.振动波形

与多棱形相似,但程度不同,若跟刀架侧支承爪压得太紧将会使外侧支承爪的接触部位发生变化;回转顶尖轴承松动、不圆,原有振纹复映等,都是造成或加剧振动不可忽视的原因。

解决办法:检查发生振动的原因,调整外侧支承爪、更换精度高的回转顶尖,消除原有振纹等。当振动波纹出现以后,应先进行修整,待振纹消除后再做正常进给车削。

三、任务分析

如图 4-15 所示,工件为一根光轴,材料为 45 钢,毛坯尺寸为 $\varnothing25\times1010$mm,加工要求为轴径 $\varnothing20\pm0.065$mm$\times1000$mm,直线度误差不大于 0.1mm,表面粗糙度 Ra 值为 1.6μm。长径比达 50,适合用跟刀架支承车削。

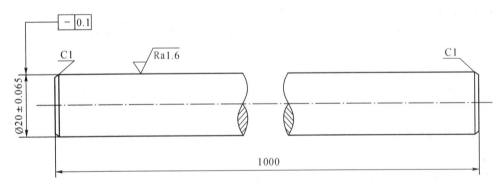

图 4-15　细长轴

四、技能实训

(一)工艺准备

(1)校直毛坯,细长轴工件的毛坯存在弯曲时应进行校直,校直坯料不仅可使车削时余量均匀,避免或减小加工中的振动,而且还可以减小切削后的表面残余应力,避免产生较大的变形。校直后的毛坯,其直线度误差应小于 1mm,毛坯校直后还要进行时效处理,以消除内应力。

(2)准备三爪跟刀架并做好检查、清洁工作,若支承爪端面磨损严重或弧面太大,应取下并根据支撑基准面直径来进行修正。

(3)选用车刀。

①选 45°外圆车刀车端面;

②选刀宽 3mm 切槽刀车工艺槽;

③选 93°右偏外圆车刀粗车外圆;

④选宽刃车刀(高速钢)精车外圆;

⑤中心钻:B2。

(4)确定切削用量,如表 4-2 所示。

表 4-2 细长轴零件加工切削用量

序号	加工面	刀具号	刀具类型	转速/ $(r \cdot min^{-1})$	进给量/ $(mm \cdot min^{-1})$	切削深度/ mm
1	端面		45°外圆车刀	600	100	0.5
2	粗车工艺外圆	T01	93°左偏刀	600	100	1.5
3	切工艺槽	T02	3mm 切槽刀	600	60	2.3
4	粗车外圆	T03	93°右偏刀	600	150	1.5
5	精车外圆	T04	10mm 宽刃刀	60	2	0.03
6	钻中心孔		B2	600	80	1

(二)操作要领及步骤

(1)将毛坯轴穿入车床主轴孔中,右端伸出卡盘约 100mm,用三爪自定心卡盘夹紧,然后车端面,钻中心孔,同时粗车一段外圆至 $\varnothing 22$mm,长 30mm,用于以后卡盘夹紧时的定位基准。用同样方法调头装夹,车端面保证总长 1000mm,钻中心孔。

注意:为防止车削时细长的毛坯轴在主轴孔中摆动而引起弯曲,可用木楔或棉纱等物将毛坯轴左端固定在主轴孔中,批量大时可特制一个套来固定。当工件很长或毛坯直径大于主轴孔径无法穿入主轴孔时,可利用中心架和过渡套筒,采用一端夹持、一端由中心架支撑的方式装夹来车端面和钻中心孔。

(2)在 $\varnothing 22$mm×30mm 的外圆柱面上套以截面直径为 $\varnothing 5$mm 的钢丝圈,并用三爪自定心卡盘夹紧,毛坯右端用弹性回转顶尖支撑。在靠近卡盘一端的毛坯外圆上车削跟刀架支撑基准,其宽度比支承爪宽度大 15~20mm,并在其右侧车一圆锥角约为 40°的圆锥面,以使接刀车削时切削力逐渐增加,不致因切削力突然变化而造成让刀和工件变形,如图4-16所示。

(3)装跟刀架,以已车削的支承基准面为基准,研磨跟刀架支承爪的工作表面。研磨时车床主轴转速选 300～600r/min,床鞍做纵向往复运动,同时逐步调整支承爪,待其圆弧基本成形时,再注入机油精研。研磨好支承基准面后,还应调整支承爪,使它与支承基准面轻轻接触。

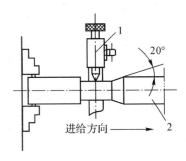

1—跟刀架　2—工件

图 4-16　车跟刀架基准

(4)跟刀架支承爪在车刀后面(左侧)1～3mm 处,采用反向进给法接刀车全长外圆,车削时应充分浇注切削液,防止支承爪磨损。

(5)多次重复上述(2)、(3)、(4)步骤,直至一夹一顶接刀精车外圆至尺寸要求为止。

(6)卸下钢丝圈,调头采用一端用三爪自定心卡盘夹紧,一端用中心架支撑的方法装夹,半精车、精车∅22mm×30mm 段外圆至规定尺寸要求。

(三)编制加工工序卡

编制细长轴件的加工工序,如表4-3所示。

表 4-3　细长轴件加工工序卡

零件名称	细长轴件	数量		1	工作场地	数控实训场地		日期		
零件材料	45 钢	尺寸单位		mm	使用设备	数控车		工作者		
毛坯规格		∅25mm×1010mm					备注			
		工步	工步内容		刀号	刀具类型	转速/(r·min⁻¹)	进给量/(mm·min⁻¹)	切削深度/mm
1	数控车削	1	夹∅25mm 处,校正、夹紧						
		2	车一端面			45°外圆车刀	600	100	0.5
		3	钻中心孔			中心钻 B2	600	80	1
		4	粗车外圆∅22mm×30mm		T01	93°左偏刀	600	100	1.5
		5	夹∅25mm 处,校正、夹紧						
		6	车另一端面,控制总长			45°外圆车刀	600	100	0.5
		7	钻中心孔			中心钻 B2	600	80	1
		8	用钢丝夹∅22mm×30mm,并采用跟刀架及后弹性顶尖						
		9	车工艺槽		T02	3mm 切槽刀	600	60	2.3
		10	粗车外圆至∅20.1mm		T03	93°右偏刀	600	150	1.5
		11	精车外圆∅20mm		T04	10mm 宽刃刀	60	2	0.03
		12	调头,采用中心架支撑						
		13	半精车∅21.2mm×30mm		T01	93°左偏刀	500	100	1.5
		14	精车外圆∅20mm		T04	10mm 宽刃刀	60	2	0.03
		15	卸下工件,送检						
编制		审核		批准			共1页		第1页

（四）操作注意事项

（1）为防止车削细长轴产生锥度，车削前必须调整尾座中心，使之与车床主轴中心同轴。

（2）车削时，应随时注意顶尖的松紧程度，检查方法是开动车床使工件回转，用右手拇指和食指捏住弹性回转顶尖的转动部分，顶尖能停止回转，松开手指后，顶尖能恢复回转，说明顶尖的松紧程度适当，如图 4-17 所示。

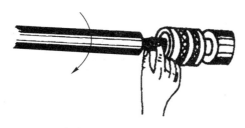

图 4-17   检查回转顶尖松紧的方法

（3）粗车时应选择好第一次切削深度，必须保证将工件毛坯一次进刀车圆，以免影响跟刀架的正常工作。

（4）车削过程中，应随时注意支撑爪与工件表面的接触状态及支撑爪的磨损情况，并随时做出相应的调整。

（5）车削过程中，应随时注意工件已加工表面的变化情况，当发现开始产生和出现"竹节"形、"腰鼓"形等缺陷时，要及时分析原因，采取应对措施。若缺陷越来越明显时，应立即停车。

五、任务评价

根据技能实训情况，客观进行质量评价，评价表如表 4-4 所示。

表 4-4   细长轴工件评分

姓名			图号		SKC-GJG-01		工件编号		
考核项目		考核内容及要求		配分		评分标准		检测结果	得分
				IT	Ra				
主要项目	1	∅20±0.065	Ra1.6	30	15	超差不得分			
	2	— 0.1		15		超差不得分			
	3	1000		10		超差不得分			
一般项目	1	2-C1		10		超差不得分			
其他	1	工件必须完整，局部无缺陷		10		一处不完整扣 2 分			
	2	安全、文明生产		10		违反规定扣 1～10 分			
	3	按时完成情况		倒扣分		每超 10min 扣 5 分			
合计									

六、任务拓展

如图 4-18 所示,要加工该零件,单件生产,材料为 45 钢,棒料毛坯,毛坯尺寸为 $\varnothing28mm \times 1130mm$,请编制车削加工工艺卡片、编制程序并加工。

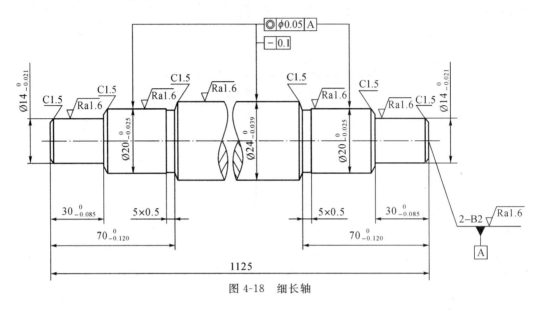

图 4-18 细长轴

思考与练习

1. 何谓细长轴,为什么细长轴车削比较困难?
2. 车削细长轴主要注意哪些问题?
3. 中心架有哪些形式,如何正确使用中心架?
4. 常见的跟刀架有哪些形式,如何正确使用跟刀架?
5. 车削细长轴时刀具几何角度应如何选择?
6. 一般情况下,车削细长轴时切削用量如何选择?
7. 车削细长轴的方法有哪些?
8. 车削细长轴时为什么会容易引起弯曲,如何解决?
9. 车削细长轴时为什么会出现竹节形,如何解决?
10. 车削细长轴时为什么会出现多棱形,如何解决?

任务二 薄壁套类零件的加工技术

 任务导入

薄壁套类零件的壁厚不足其孔径的 1/15,因此刚性较差,在加工中极容易变形,不易保证零件的加工质量。夹紧力、切削力、切削热、弹性变形等都是引起薄壁套类零件变形的因素,所以车削薄壁零件须解决的首要问题就是减少零件的变形,特别是夹紧和切削所

产生的变形。

一、任务布置

本任务以薄壁套为主要加工对象,学习薄壁套的相关知识,能正确装夹薄壁套,根据加工材料合理选用刀具和切削用量,会分析薄壁套的加工工艺和车削薄壁套件。

【知识目标】

(1)掌握防止薄壁件装夹变形的方法。

(2)掌握车削薄壁件时减小切削力和减少切削热的措施。

(3)掌握加工薄壁件时的减振措施。

【能力目标】

(1)根据薄壁件加工特点,会正确装夹薄壁件。

(2)能合理选择薄壁件加工的刀具及切削参数。

(3)会分析薄壁件车削加工工艺和加工薄壁件。

二、知识链接

(一)薄壁工件的加工特点

(1)工件装夹对薄壁件加工的影响:工件壁薄,在夹紧力的作用下工件变形,从而影响工件的尺寸精度和形状精度。

(2)切削力对薄壁工件加工的影响:在切削力尤其是背向力的作用下,容易产生振动和变形,影响工件的尺寸精度、表面粗糙度、形状精度和位置精度。

(3)切削热对薄壁工件加工的影响:工件壁较薄,车削时受热膨胀变形的规律不易掌握,所以工件的尺寸精度不易控制。

(4)测量对薄壁工件的影响:测量时工件承受不了千分尺或百分表的测量压力,可能出现较大的测量误差,甚至因测量不当而造成废品。

(二)防止薄壁工件装夹变形的方法

1.改变工件装夹着力点位置和夹紧力的方向

(1)夹紧力的着力点,应落在夹具支承点的正对面并尽可能地靠近工件的加工表面,否则容易出现变形且夹紧也不够牢靠。如图 4-19 所示,花盘装夹薄壁衬套的方法,压板压紧的位置即在支承部位的对面,能满足加工要求。

(2)夹紧力的作用方向,应选择在工件能受力及有利于减小夹紧力的部位,并尽可能使夹紧力的方向与切削力相一致,其主要目的在于以较小的夹紧力获得较好的夹紧效果。如薄壁类工件,由于轴向受力状况好于径向,可采用轴向夹紧的方式(如图 4-20 所示),而薄盘类件情况正好相反,则可采用软爪径向夹紧的办法,能有效减少工件的变形。

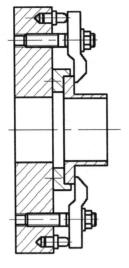

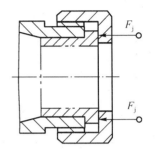

图 4-19　薄壁衬套的装夹　　　　　　图 4-20　轴向夹紧薄壁套工件

2.采用一次装夹车削薄壁工件

车削尺寸较短小且径向和轴向刚性都较差,适合一次装夹车削的薄壁工件,为了保证内外圆的同轴度,避免产生装夹变形,可在三爪卡盘的一次安装中完成全部加工内容,如图 4-21所示。

3.改变工件的局部受力

三、四爪卡盘装夹工件,工件被夹紧时由于局部受力较大而易变形,若将受力作用的面积加大,使受力均匀且较分散,情况将大为改善。通常采用的方法有大面软爪、扇形软爪、胀力心轴、开缝夹套、弹性塑料定心夹具等,这些夹具与工件的接触面积较大,使夹紧力较均匀地分布在工件上,能防止或减少工件的变形,如图 4-22 所示。

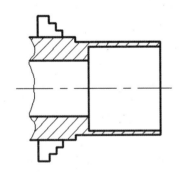

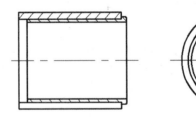

图 4-21　一次装夹车削薄壁工件　　　　图 4-22　开缝夹套装夹薄壁套筒

4.增加辅助支承或增装工艺加强筋

使用辅助支承,提高薄壁工件在车削过程中的刚性,既能减少工件的变形,又能减少振动的发生,对保证工件的形状精度和表面质量有利,如图 4-23 所示。在工件的装夹部位增装工艺加强肋,使夹紧力作用在加强肋力上而减少安装变形,如图 4-24 所示。

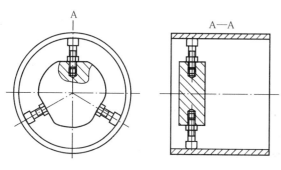

图 4-23　增加辅助支承装夹薄壁件

图 4-24　增加工艺肋防止安装变形

（三）减小切削力和切削热的措施

车削薄壁工件时，减小切削力、切削热首先应保证车刀锋利，使切削轻快、省力，使切削热量的产生减少，同时充分冷却，否则对薄壁工件的加工极为不利。

1.合理选择车刀的刀具材料和几何参数

（1）工件材料的强度、硬度和导热系数等指标不同，将影响切削热和切削温度。切削温度升高，刀具的耐用度性能就下降。为了保持刀具的正常切削性能不过快磨损，根据工件材料的性能选用适当的刀具材料非常重要。

（2）刀具几何参数的选择。选用较大的主偏角，增大主偏角可减短主切削刃参加工作的长度并有利减少径向切削力；适当增大副偏角，有利于减小副切削刃与工件之间的摩擦，从而降低切削热，减少工件的热变形；前角的选用应根据被切材料的性能，应尽量使车刀锋利、切削轻快、排屑顺畅；后角、刀尖圆弧半径及修光刃，应尽可能选用较小值，以减少工件加工中的振动。适当增大刃倾角，对提高刀具的锋利程度有利，同时通过刃倾角可控制切屑流动方向，使切屑稳定排出，防止堵屑或拉毛工件已加工表面。

2.合理选择切削用量

由于薄壁工件刚性差，易变形，车削时应适当降低切削用量。实践中，切削用量中切削深度对切削力的影响最大，而切削速度对切削热的影响最为显著，因此，车削薄壁工件减小切削深度，增加走刀次数并适当提高进给量是行之有效的方法。

3.合理选用切削液

切削热对薄壁工件的热变形影响极大，车削过程中必须充分浇注切削液，以降低切削热的产生并将已产生的切削热及时带走，粗车时可用3％～6％的乳化液，精车时则采用硫化乳化液。不宜使用切削液的薄壁工件，可采用极压空气进行冷却。

4.将粗、精车分开进行

粗车要求较快地去除工件上的多余材料，产生的切削力、切削热都较大，因而工件的升温较快，变形较大。粗车后工件要有自然冷却的时间，而不至于精车时热变形加剧，影响工件变形。

（四）车削薄壁件的减振措施

车削薄壁工件时，因变形而引起振动，而振动又将加剧工件的变形，完全消除振动有一定难度，但通过必要的措施来减少或消除局部振动却是可行的。

（1）调整机床,使主轴、床鞍、刀架等转动和滑动部位的间隙适当,处于最佳的运转状态,加强工艺系统的刚性。

（2）使用吸振材料,用软橡胶片、软橡胶管等吸振材料,填充或包裹工件后进行车削,有减振甚至消振作用。

（3）填充低熔点物质。如生产中一些带有薄齿、薄片的零件,车削这类零件时,因受切削力的作用,不仅会出现振动,甚至会发生崩角、缺边等现象,若采用填充的方式,则有助于消除上述缺陷。一般可选用硫黄、石蜡、铅、锡等低熔点的物质作为填充物,使用时先加温使其熔化,再将熔化的填充物灌入待加工工件的薄齿、薄片之间的空隙部位,使其填实形成整体,加工完毕后再次加温,清除填充物。

（4）选择合适的刀具及最佳刀具角度,如弹性刀杆、阻尼刀杆等具有较好的减振效果。

（5）合理安排加工工艺,车削过程中可根据需要增加热处理正火工序以消除工件内应力,减小切削时的变形和振动。对于变形影响较大的工序应先安排加工,有利于防止或减小工件加工后出现变形。

三、任务分析

如图 4-25 所示:工件为一胀套,材料为 45 钢,毛坯尺寸为 $\varnothing 70\text{mm} \times 123\text{mm}$,其零件薄壁处的内、外圆尺寸分别为 $\varnothing 68^{0}_{-0.021}\text{mm}$、$\varnothing 64^{+0.019}_{0}\text{mm}$,壁厚为 2mm,长度为 100mm,圆柱度要求为 0.015mm;基准孔的尺寸要求为 $\varnothing 26^{+0.015}_{0}\text{mm}$,外圆 $\varnothing 68^{0}_{-0.021}\text{mm}$、内孔 $\varnothing 58.5^{+0.015}_{0}\text{mm}$对于$\varnothing 26^{+0.015}_{0}\text{mm}$ 同轴度误差小于 $\varnothing 0.019\text{mm}$。整个零件的尺寸精度、形位精度以及表面粗糙度要求都比较高,故在加工的过程中,应重点考虑零件装夹、刀具选用、加工发振等问题。

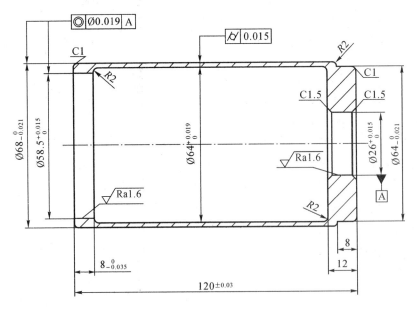

图 4-25 薄壁件

四、技能实训

（一）工艺准备

（1）备料：棒料毛坯，$\varnothing 70\text{mm} \times 123\text{mm}$。

（2）夹具准备：三爪卡盘，开缝夹套如图 4-26 所示，芯轴坯料如图 4-27 所示。

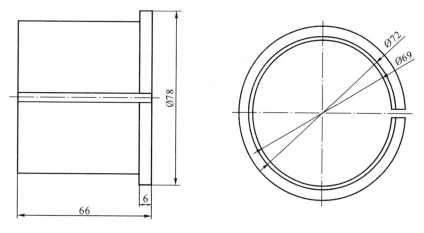

图 4-26　开缝夹套

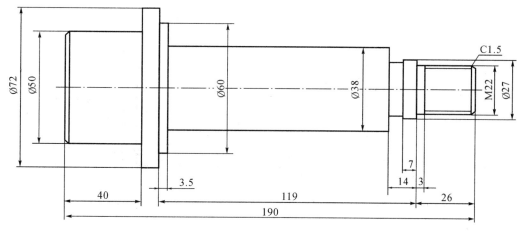

图 4-27　芯轴坯料

（3）选用好粗、精车刀。

①选 45°外圆车刀车端面；

②选外轮廓刀置于 T01 刀位；

③选内轮廓车刀（单边可扎深 3mm）置于 T02 刀位；

④选精内孔刀置于 T03 刀位；

⑤选精车外轮廓面刀置于 T04 刀位；

⑥麻花钻：$\varnothing 24\text{mm}$ 和 $\varnothing 55\text{mm}$。

（4）确定切削用量。图 4-25 所示薄壁件的切削用量选定如表 4-5 所示。

表 4-5　薄壁件加工切削用量

序号	加工面	刀具号	刀具类型	转速/r·min⁻¹	进给量/mm·min⁻¹	切削深度/mm
1	端面		45°外圆车刀	1500	100	0.5
2	粗车外轮廓	T01	93°左偏刀	1000	150	0.5
3	粗车内轮廓	T02	内轮廓刀	800	100	1.0
4	精车内轮廓	T03	精内孔刀	1000	80	0.1
5	精车外轮廓	T04	精外轮廓刀	1500	100	0.2
6	钻孔		∅24mm 麻花钻	300	200	12
7	扩孔		∅56mm 扩孔钻	150	200	16

（二）操作要领及步骤

（1）在三爪上装夹毛坯，伸出工件约 80mm 左右，车端面，钻通孔 ∅24mm；粗车外轮廓 ∅65mm×8mm，R2，∅69mm，至贴近卡盘处。

（2）调头，采用夹套装夹，校正工件，粗车端面，扩孔 ∅55mm×117mm；精车端面，控制总长，粗车外轮廓面 ∅69mm 至接刀处，粗、精车内轮廓面。

（3）装夹芯轴坯料，加工芯轴，尺寸如图 4-28 所示。

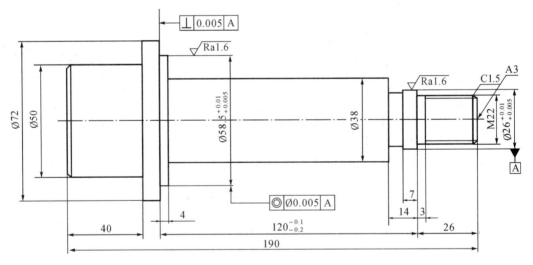

图 4-28　精加工芯轴

（4）将薄壁件装入芯轴，采用开口垫片和螺帽夹紧，车削外轮廓面，如图 4-29 所示。

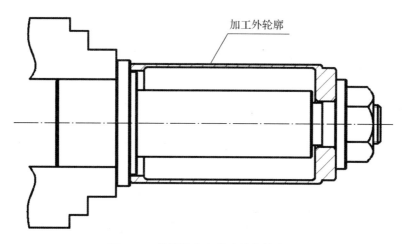

图 4-29　芯轴装夹车薄壁件外轮廓面

（三）编制加工工序卡

编制薄壁件的加工工序,如表 4-6 所示。

表 4-6　薄壁件加工工序卡

零件名称	薄壁件	数量	1	工作场地	数控实训场地		日期	
零件材料	45 钢	尺寸单位	mm	使用设备	数控车床		工作者	
毛坯规格			Ø70mm×123mm				备注	
工序	名称				工艺要求			
		工步	工步内容	刀号	刀具类型	转速/ r·mim⁻¹	进给量/ mm·min⁻¹	切削深度/ mm
1	数控车削	1	夹毛坯处,伸出工件约 80mm 夹紧					
		2	车一端面	T05	45°外圆车刀	1500	100	0.5
		3	钻通孔:Ø24mm		Ø24mm 麻花钻	300	200	12
		4	粗车外轮廓圆Ø65mm×8mm,R2,Ø69mm,至贴近卡盘处	T01	93°左偏刀	1000	150	0.5
		5	调头,采用开口夹套,夹Ø69mm 处,校正、夹紧					
		6	扩孔:Ø55mm×117mm		Ø55mm 扩孔钻	150	200	16
		7	车另一端面,控制总长	T05	45°外圆车刀	1500	100	0.5
		8	粗车外轮廓面,至接刀处	T01	93°左偏刀	1000	150	0.5
		9	粗加工内轮廓面	T02	粗内轮廓刀	800	100	1.0
		10	精内轮廓面	T03	精内轮廓刀	1000	80	0.1
		11	加工芯轴,并芯轴装夹	T04	精车外轮廓刀	1500	100	0.2
		12	精车外轮廓面	T04	精车外轮廓刀	1500	100	0.2
		13	卸下工件,送检					
编制		审核		批准		共 1 页	第 1 页	

(四)操作注意事项

(1)刀具选用时,粗、精车刀应分开,精车刀刀具各角度相对应尽可能选择大些,刀尖圆弧半径应选择小些,刀刃应保持锋利。

(2)精加工内表面时,由于壁越来越薄,故在装夹时应采用开口夹套,增加装夹面积,以防加工完后变形。

(3)用芯轴装夹车削外轮廓,可在芯轴右端面钻出中心孔,采用顶尖顶住,增加装夹刚性。

(4)用芯轴夹紧的开口垫片和螺帽两平面平整、光洁、平面度要好,可在平面磨床上加工两端面。

(5)用芯轴夹紧,轴向夹紧力应适当,防止用力过度,导致工件呈腰鼓形。

(6)应充分使用冷却液,防止热变形。

五、任务评价

根据技能实训情况,客观进行质量评价,评价表如表 4-7 所示。

表 4-7 薄壁件评分表

姓名			图号	SKC-GJG-02		工件编号			
考核项目		考核内容及要求		配分		评分标准		检测结果	得分
				IT	Ra				
主要项目	1	$\varnothing 68^{0}_{-0.021}$		6		超差不得分			
	2	$\varnothing 64^{0}_{-0.021}$		6		超差不得分			
	3	$\varnothing 64^{+0.019}_{0}$		6					
	4	$\varnothing 58.5^{+0.015}_{0}$	Ra1.6	6	4				
	5	$\varnothing 26^{+0.015}_{0}$	Ra1.6	6	4				
	6	$8^{0}_{-0.035}$		4					
	7	120 ± 0.03		5					
	8	⊙ $\varnothing 0.019$ A		6					
	9	∥ 0.015		6					
一般项目	1	8		2					
	2	12		2					
	3	3-R2		3					
	4	2-C1		2		超差不得分			
	5	2-C1.5		2		超差不得分			
其他	1	工件必须完整,局部无缺陷		10		一处不完整扣 2 分			
	2	安全、文明生产		10		违反规定扣 1～10 分			
	3	按时完成情况		倒扣分		每超 10min 扣 5 分			
合计									

六、任务拓展

如图 4-30 所示,加工镂空六面体,单件生产,材料为铝合金 LY12,经铣削加工后尺寸为 70mm×70mm×70mm,请编制车削加工工艺并加工。

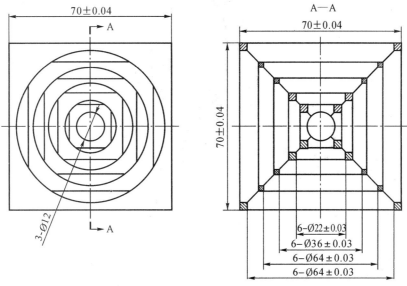

图 4-30　镂空六面体

思考与练习

1. 与其他零件相比,薄壁件的加工具有哪些特点?
2. 如何防止薄壁件装夹变形?
3. 采用哪些方法可以有效减小车削中的切削力和切削热?
4. 减少或消除车削薄壁件振动的措施有哪些?

任务三　Tr 螺纹的加工技术

任务导入

梯形螺纹(Tr 螺纹)主要用于传动(进给或升降)和位置调整装置中,也可用于紧固场合。如图 4-31(a)为丝杠螺母副,图 4-31(b)为丝杠升降机,图 4-31(c)为螺杆紧固的平口钳。

一、任务布置

本任务以 Tr 螺纹为主要对象,学习 Tr 螺纹的相关知识、Tr 螺纹加工和测量方法,并在数控车床上加工 Tr 螺纹。

(a) 丝杠螺母副   (b) 丝杠升降机   (c) 螺杆紧固的平口钳

图 4-31 梯形螺纹的应用场合

【知识目标】

(1)掌握 Tr 螺纹的相关基础知识。

(2)掌握 Tr 螺纹的加工方法。

(3)掌握 Tr 螺纹的测量方法。

【能力目标】

(1)会编制 Tr 螺纹加工工艺及程序。

(2)能合理选择 Tr 螺纹的刀具及切削参数。

(3)会进行 Tr 螺纹零件的车削加工。

(4)能正确使用各种量具测量 Tr 螺纹各参数。

二、知识链接

梯形螺纹分为米制梯形螺纹和英制梯形螺纹,英制梯形螺纹牙型角为 29°,在我国较少采用,我国常采用米制梯形螺纹,其牙型角为 30°。

(一)梯形螺纹标记

梯形螺纹的标记由螺纹代号、公差带代号和旋合长度代号组成。梯形螺纹代号用字母 Tr 及公称直径×螺距与旋向表示,左旋螺纹旋向用 LH 表示,右旋螺纹旋向则不标。

梯形螺纹公差带代号仅标注中径公差带代号,如 7H、7e,大写字母为内螺纹公差带,小写字母为外螺纹公差带。

梯形螺纹旋合长度代号分 N、L 两组,N 表示中等旋合长度,L 表示长旋合长度。

标记示例:Tr36×12(P6)—LH —7H—L

示例说明:内梯形螺纹,公称直径为 ∅36mm,双线,导程为 12mm,螺距为 6mm,左旋,中径公差带代号为 7H,旋合长度为长旋合长度。

(二)梯形螺纹的基本尺寸及计算公式

梯形内、外螺纹的牙顶和牙底之间具有牙顶间隙 a_c,以防止因干涉而影响传动精度。故内、外螺纹的基本尺寸与基本牙型上的尺寸不完全相同,如图 4-32 所示。表 4-8 为梯形螺纹各部分名称代号及计算公式。

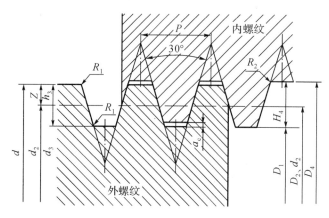

图 4-32　梯形螺纹的基本尺寸

表 4-8　梯形螺纹各部分名称、代号及计算公式

名称		代号	计算公式		
牙型角		α	$\alpha = 30°$		
螺距		P	由螺纹标准规定		
			$1.5 \sim 5$	$6 \sim 12$	$14 \sim 44$
牙顶间隙		a_c	0.25	0.5	1
外螺纹	大径	d	公称直径		
	中径	d_2	$d_2 = d - 0.5P$		
	小径	d_3	$d_3 = d - 2h_3$		
	牙高	h_3	$h_3 = 0.5P + a_c$		
内螺纹	大径	D_4	$D_4 = d + 2a_c$		
	中径	D_2	$D_2 = d_2$		
	小径	D_1	$D_1 = d - P$		
	牙高	H_4	$H_4 = h_3$		
牙顶宽		f、f'	$f = f' = 0.366P$		
牙底槽宽		W、W'	$W = W' = 0.366P - 0.536ac$		

（三）梯形螺纹公差带位置与基本偏差规定

公差带的位置由基本偏差确定。根据国家标准规定,外螺纹的上偏差(es)及内螺纹的下偏差(EI)为基本偏差。

对内螺纹大径 D_4、中径 D_2 及小径 D_1 规定了一种公差带位置 H,其基本偏差为零。

对外螺纹中径 d_2 规定了三种公差带位置 h、e 和 c。对大径 d 和小径 d_3,只规定了一种公差带位置 h,其基本偏差为零。

梯形螺纹的内、外螺纹中径的基本偏差数值如表 4-9 所示。

表 4-9　梯形螺纹内、外螺纹中径基本偏差

螺距 P/mm	基本偏差			
	内螺纹	外螺纹		
	D_2/μm	d_2/μm		
	H EI	c es	e es	h es
1.5	0	−140	−67	0
2	0	−150	−71	0
3	0	−170	−85	0
4	0	−190	−95	0
5	0	−212	−106	0
6	0	−236	−118	0
7	0	−250	−125	0
8	0	−265	−132	0
9	0	−280	−140	0
10	0	−300	−150	0
12	0	−335	−160	0
14	0	−355	−180	0
16	0	−375	−190	0
18	0	−400	−200	0
20	0	−425	−212	0
22	0	−450	−224	0
24	0	−475	−236	0
28	0	−500	−250	0
32	0	−530	−265	0
36	0	−560	−280	0
40	0	−600	−300	0
44	0	−630	−315	0

（四）梯形螺纹的公差

GB 5796.4—86《梯形螺纹公差》对梯形螺纹的大径、中径、小径规定了公差，其公差带由公差等级和基本偏差组成，并与旋合长度共同构成梯形螺纹的精度。

1.公差等级

国标对梯形内、外螺纹的各直径规定的公差等级如表 4-10 所示。

表 4-10　梯形螺纹各直径的公差等级

螺纹直径	公差等级	螺纹直径	公差等级
内螺纹小径 D_1	4	外螺纹中径 d_2	(6)7、8、9
外螺纹大径 d	4	外螺纹小径 d_3	7、8、9
内螺纹中径 D_2	7、8、9		

注：6 级公差仅是为了计算 7、8、9 级公差而列出的。

内螺纹小径、外螺纹大径公差如表 4-11 所示。

表 4-11　内螺纹小径公差、外螺纹大径公差

内螺纹小径公差 $T_{D_1}/\mu m$		外螺纹大径公差 $T_d/\mu m$	
螺距 P/mm	4 级公差	螺距 P/mm	4 级公差
1.5	190	1.5	150
2	236	2	180
3	315	3	236
4	375	4	300
5	450	5	335
6	500	6	375
7	560	7	425
8	630	8	450
9	670	9	500
10	710	10	530
12	800	12	600
14	900	14	670
16	1000	16	710
18	1120	18	800
20	1180	20	850
22	1250	22	900
24	1320	24	950
28	1500	28	1060
32	1600	32	1120
36	1800	36	1250
40	1900	40	1320
44	2000	44	1400

外螺纹中径公差如表 4-12 所示。

表 4-12　外螺纹中径公差（$T_{d_2}/\mu m$）

公称直径 d/mm		螺距 P/mm	公差等级			
$>$	$\leqslant$		6 级	7 级	8 级	9 级
5.6	11.2	1.5	132	170	212	265
		2	150	190	236	300
		3	170	212	265	335
11.2	22.4	2	160	200	250	315
		3	180	224	280	355
		4	212	265	335	425
		5	224	280	355	450
		8	280	355	450	560

续表

公称直径 d/mm		螺距 P/mm	公差等级			
>	≤		6 级	7 级	8 级	9 级
22.4	45	3	200	250	315	400
		5	236	300	375	475
		6	265	335	425	530
		7	280	355	450	560
		8	300	375	475	600
		10	315	400	500	630
		12	335	425	530	670
45	90	3	212	265	335	425
		4	236	300	375	475
		8	315	400	500	630
		9	335	425	530	670
		10	335	425	530	670
		12	375	475	600	750
		14	400	500	630	800
		16	425	530	670	850
		18	450	560	710	900

内螺纹中径公差如表 4-13 所示。

表 4-13　内螺纹中径公差（T_{D_2}/μm）

公称直径		螺距 P/mm	公差等级		
>	≤		7 级	8 级	9 级
5.6	11.2	1.5	224	280	355
		2	250	315	400
		3	280	355	450
11.2	22.4	2	265	335	425
		3	300	375	475
		4	355	450	560
		5	375	475	600
		8	475	600	750
22.4	45	3	335	425	530
		5	400	500	630
		6	450	560	710
		7	475	600	750
		8	500	630	800
		10	530	670	850
		12	560	710	900

公称直径		螺距 P/mm	公差等级		
>	≤		7 级	8 级	9 级
45	90	3	355	450	560
		4	400	500	630
		8	530	670	850
		9	560	710	900
		10	560	710	900
		12	630	800	1000
		14	670	850	1060
		16	710	900	1120
		18	750	950	1180

外螺纹小径公差如表 4-14 所示。

表 4-14　外螺纹小径公差 $(T_{d_3}/\mu m)$

公称直径 d/mm		螺距 P/mm	中径公差带位置为 c			中径公差带位置为 e			中径公差带位置为 h		
			公差等级			公差等级			公差等级		
>	≤		7 级	8 级	9 级	7 级	8 级	9 级	7 级	8 级	9 级
5.6	11.2	1.5	352	405	471	279	332	398	212	265	331
		2	388	445	525	309	366	446	238	295	375
		3	435	501	589	350	416	504	265	331	419
11.2	22.4	2	400	462	544	321	383	465	250	312	394
		3	450	520	614	365	435	529	280	350	444
		4	521	609	690	426	514	595	331	419	531
		5	562	656	775	456	550	669	350	444	562
		8	709	828	965	576	695	832	444	562	700
22.4	45	3	482	564	670	397	479	585	312	394	500
		5	587	681	806	481	575	700	375	469	594
		6	655	767	899	537	649	781	419	531	662
		7	694	813	950	569	688	825	444	562	700
		8	734	859	1015	601	726	882	469	594	750
		10	800	925	1087	650	775	937	500	625	788
		12	866	998	1223	691	823	1048	531	662	838
45	90	3	501	589	701	416	504	616	331	419	531
		4	565	659	784	470	564	689	375	469	594
		8	765	890	1052	632	757	919	500	625	788
		9	811	943	1118	671	803	978	531	662	838
		10	831	963	1138	681	813	988	531	662	838
		12	929	1085	1273	754	910	1098	594	750	938
		14	970	1142	1355	805	967	1180	625	788	1000
		16	1038	1213	1438	853	1028	1253	662	838	1062
		18	1100	1288	1525	900	1088	1320	700	888	1125

2.多线螺纹的公差

多线螺纹的大径公差和小径公差与单线螺纹相同。多线螺纹的中径公差是在单线螺纹中径公差的基础上按线数不同分别乘一系数而得。各种不同线数的系数如表 4-15 所示。

表 4-15　多线螺纹中径公差系数表

线数	2	3	4	≥5
系数	1.12	1.25	1.4	1.6

（五）Tr 螺纹在数控车床上的加工方法

1.直进法

螺纹车刀 X 向间歇进给至牙深处,如图 4-33(a)所示。采用此种方法加工梯形螺纹时,螺纹车刀的三面都参加切削,导致加工排屑困难,切削力和切削热增加,刀尖磨损严重。当进刀量过大时,还可能产生"扎刀"和"崩刀"现象。数控车床可采用指令 G92 来实现,但是很显然,这种方法只适用于车削螺距较小($P<4$mm)的梯形螺纹。

2.斜进法

螺纹车刀沿牙型角方向斜向间歇进给至牙深处,如图 4-33(b)所示。采用此种方法加工梯形螺纹时,螺纹车刀始终只有一个侧刃参加切削,从而使排屑比较顺利,刀尖的受力和受热情况有所改善,在车削中不易引起"扎刀"现象。数控车床可采用 G76 指令来实现,适用于螺距较大($P≥4$mm)的梯形螺纹。

3.层切法

把牙槽分成若干层,转化成若干个较浅的梯形槽来进行切削。每层的切削都采用先直进后向左或向右的车削方法,由于左、右切削时槽深不变,刀具只需做向左或向右的纵向"赶刀"进给即可。数控车床可采用宏程序指令进行编程,适用于大螺距的梯形螺纹,如图 4-33(c)所示。

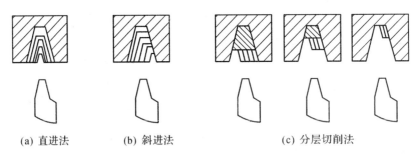

(a) 直进法　　　(b) 斜进法　　　(c) 分层切削法

图 4-33　梯形螺纹在数控车床的加工方法

（六）梯形螺纹刀具的选用与安装

常用的梯形螺纹刀有高速钢梯形螺纹刀、焊接式硬质合金梯形螺纹刀和机夹可转位梯形螺纹刀。在数控车床上加工梯形螺纹,通常选用机夹可转位梯形螺纹刀,如图 4-34 所示。

1.梯形螺纹刀具的选用

(1)刀片头部的切削刃应等于或小于螺纹牙槽槽底宽度。

(2)刀片的导程大小、加工直径范围应符合所要加工的螺纹。

(a) 内、外梯形螺纹刀片

(b) 内梯形螺纹车刀

图 4-34 可转位梯形螺纹刀

(3)刀片的旋向应与所要加工的螺纹相吻合,否则螺纹无法加工。

2.梯形螺纹刀具的安装

(1)安装时,螺纹刀不宜伸出太长,以增强刀具刚度。

(2)装刀时,螺纹刀的刀尖应与工件的回转中心等高。

(3)刀头的角平分线要垂直于工件的轴线,必须找正装夹,以免产生螺纹半角误差。

（七）工件的装夹

一般采用一夹一顶装夹。粗车较大螺距时,可采用四爪卡盘一夹一顶,以保证装夹牢固,同时使工件的一个台阶靠住卡盘平面,固定工件的轴向位置,以防止因切削力过大,使工件移位而车坏螺纹。

（八）Tr螺纹的测量

梯形螺纹的测量分综合测量和单项测量两种。综合测量可采用螺纹综合量规检验螺纹各参数综合尺寸的合格性,也可采用工具显微镜综合测量螺纹;单项测量则根据量具或量仪分别测出螺纹的大径、中径、小径、螺距、牙型角等所需参数。

1.综合测量

(1)采用螺纹量规测量:如图 4-35 所示。

(a) 螺纹环规

(b) 螺纹塞规

图 4-35 Tr螺纹量规

①通规。

使用前:应经相关检验计量机构检验计量合格后,方可使用。

使用时:应注意被测螺纹公差等级及偏差代号与环规标识的公差等级、偏差代号相同(如 Tr24×3-7e 与 Tr24×3-7h 两种环规外形相同,其螺纹公差带不相同,错用后将产生批量不合格品)。

检验测量过程:首先要清理干净被测螺纹表面的油污及杂质,然后在环规与被测螺纹对正后,用大拇指与食指转动环规,若其在自由状态下旋合通过螺纹全部长度则判定合格,否则以不通判定。

②止规。

使用前:应经相关检验计量机构检验计量合格后,方可使用。

使用时:应注意被测螺纹公差等级及偏差代号与环规标识公差等级、偏差代号相同。

检验测量过程:首先要清理干净被测螺纹表面的油污及杂质,然后在环规与被测螺纹对正后,用大拇指与食指转动环规,旋入螺纹长度在2个螺距之内为合格,否则判为不合格品。

(2)工具显微镜测量如图4-36所示。工具显微镜是一种以影像法作为测量原理的精密光学仪器,可综合测量螺纹各部位精度尺寸及位置误差。

图4-36 工具显微镜实物

工作原理:在瞄准显微镜上借米字形分划板上的刻线来瞄准工作台上的被测件,通过移动滑台可先后对各被测位置进行瞄准定位。仪器的 X、Y 滑台上各装有——精密的长度基准元件——玻璃毫米分划尺,读数系统将毫米刻线清晰地显示在投影屏上,再由测微器进行细分读数,因此便可精确地确定滑台的坐标值。

测量过程中,每一次瞄准后,需进行一次读数,同一坐标的两次读数之差,即先后瞄准两个被测位置时该坐标滑台的位移量,也就是被测尺寸的测量值。

工具显微镜适用于测量精密螺纹。

2.单项测量

测量螺纹的参数不同则所需量具或量仪也有所不同。如:

(1)测量梯形螺纹的大径、小径。外螺纹的大径和内螺纹的小径可用卡尺、千分尺等通用量具或量仪测量。

(2)测量外梯形螺纹的中径。

①采用三针测量。原理如图4-37所示。测量时,三针放在同一条螺旋线的沟槽中,使其与牙侧的切点位于螺旋槽宽等于基本螺距一半的地方,再用公法线千分尺测得 M 值,即能计算出单一中径 d_2:

$$M = d_2 + 4.864d_D - 1.866P$$

式中,M——三针测量值,mm;

$\quad d_2$——外梯形螺纹中径,mm;

$\quad d_D$——三针直径,最佳直径值为 $0.518P$,其范围为 $0.486P \sim 0.656P$,mm;

$\quad P$——螺距,mm。

实测时,可根据中径公差算出 M 值变化范围,然后用测得的 M 值与之比较,间接得出中径是否合格的结论。

②采用单针测量:当测量螺距很大、多线或精度要求不太高的螺纹时,可采用单针测量

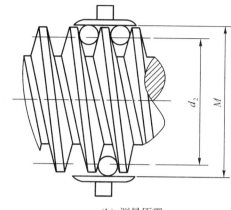

(a) 三针测量示意图　　　　　　　　(b) 测量原理

图 4-37　三针测量法梯形螺纹中径

梯形螺纹中径,如图 4-38 所示。

单针测量中径的计算公式为

$$A = (M + d_0)/2$$

式中,A——单针测量值,mm;

　　　　M——三针的理论计算值,mm;

　　　　d_0——实测大径值,mm。

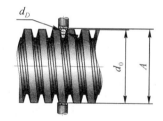

(a) 单针测量示意图　　　　　　　　(b) 测量原理

图 4-38　单针测量梯形螺纹中径

实测时,应根据中径公差值的一半算出 A 值变化范围,然后用测得的 A 值与之比较,间接得出中径是否合格的结论。

单针测量一般可放在平板上进行,为了消除圆度误差或偏心对测量结果的影响,应在两个垂直方向分别测量,得 A_1、A_2,取其平均值作为测量值 A,并应获得尽量准确的螺纹大径实测值 d_0。

(3)测量内梯形螺纹的中径。

内梯形螺纹的中径可采用球头螺纹千分尺或钢球进行测量。球头螺纹千分尺是在固定砧上多装一个可更换的球形测头,用于测量较小直径的螺纹,如图 4-39 所示。球头螺纹千分尺测量公式为

$$D_2 = D - 2E + 4.864d_D - 1.866P$$

式中:D_2——内梯形螺纹中径值,mm;

D——被测工件外径实测尺寸,mm;

E——钢球至零件外圆的尺寸,mm;

d_D——钢球直径,mm。

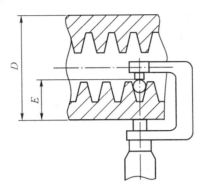

图 4-39　球头螺纹千分尺测量中径

此方法适用于外圆精度较高的场合,若外圆比较粗糙则不宜使用。

(4)测量螺距。

测量螺距可用螺距样板、螺距测量仪和工具显微镜进行。

①螺距样板检验:检验时,选用相应螺距的样板卡在被测螺纹上,吻合则正确,不吻合可换另一片,直到密合为止,如图 4-40 所示。查看螺距样板标明的尺寸就是被测螺距的公称值,其误差可根据牙侧透光情况判定。

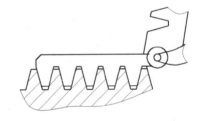

图 4-40　用样板检验螺距

螺距样板一般用于检验较低精度螺纹的螺距。

②螺距测量仪测量:螺距测量仪是将比较仪装在特殊的附件上(如图 4-41 所示),附件

图 4-41　螺距测量仪

的两个球形测量头放于螺纹螺旋槽内,其中活动测量头用杠杆机构与比较仪的测量杆相接触,活动测量头稍微摆动,比较仪的指针将随之摆动。测量时,先用标准螺距将比较仪的指针调到零位,再对零件进行测量,读得指针的偏摆量就是被测螺距的误差。

(5)测量牙型角。

对于精度要求低的牙型角可采用标准样板进行测量,而精度要求高的牙型角则采用工具显微镜进行测量。

三、任务分析

(一)查表确定 Tr36×6—7H/7e 内、外螺纹各直径的极限偏差

要查表确定 Tr 内、外螺纹各直径的极限偏差,应根据以下步骤进行:

(1)根据标准规定,查 Tr 外螺纹的基本上偏差和 Tr 内螺纹的基本下偏差;

(2)查表 4-11,得 Tr 外螺纹大径公差并计算下偏差;

(3)查表 4-9 和表 4-12,得外螺纹中径公差和基本偏差并计算下偏差;

(4)查表 4-14,得外螺纹小径公差并计算下偏差;

(5)查表 4-11,得内螺纹小径公差并计算上偏差;

(6)查表 4-9 和表 4-13,得内螺纹中径公差和基本偏差,并计算上偏差;

(7)内螺纹大径的基本偏差,根据规定,EI=0,上偏差 ES 不作规定。

(二)加工 Tr 螺纹零件

加工如图 4-42 所示梯形螺纹类零件,材料为 45 钢,已完成左边部分,现需对工件的右边部分(梯形螺纹)进行加工,单件生产。

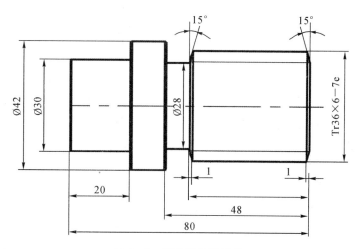

图 4-42　梯形螺纹类零件

(1)根据加工要求,计算 Tr36×6—7e 的大径、中径、小径、槽宽尺寸参数,根据中径等级查表确定相关的大径、中径、小径极限偏差;

(2)拟定加工路线,确定 Tr 螺纹的进刀方式,建立工件坐标系;

(3)确定装夹方式,正确选用夹具;

(4)选用合适刀具;

(5)确定切削用量；

(6)填写工序卡,编写程序；

(7)装刀、对刀并加工。

四、技能实训

(一)查表并确定 Tr36×6—7H/7e 内、外螺纹各直径的极限偏差

根据标准规定,d 和 d_3 的基本偏差为上偏差,es＝0；D_1 的基本偏差为下偏差,EI＝0。

(1)查表 4-11,得外螺纹大径公差 T_d＝0.375mm,已知 es＝0。

计算下偏差 EI＝es－T_d＝0－0.375＝－0.375mm。

(2)查表 4-12,得外螺纹中径公差 T_{d_2}＝0.335mm。

查表 4-9,得外螺纹中径的基本偏差 es＝－0.118mm。

计算下偏差 EI＝es－T_{d_2}＝－0.118－0.335＝－0.453mm。

(3)查表 4-14,得外螺纹小径公差 T_{d_3}＝0.537mm。

已知 es＝0,计算下偏差 EI＝es－T_{d_3}＝0－0.537＝－0.537mm。

(4)查表 4-11,得内螺纹小径公差 T_{D_1}＝0.500mm。

已知 EI＝0,计算上偏差 ES＝EI＋T_{D_1}＝0＋0.500＝＋0.500mm。

(5)查表 4-13,得内螺纹中径公差 T_{D_2}＝0.335mm,查表 4-9,得内螺纹中径的基本偏差 EI＝0。

计算上偏差 ES＝EI＋T_{D_2}＝0＋0.335＝＋0.335mm。

(6)内螺纹大径 D_4 的基本偏差,根据规定,EI＝0,上偏差 ES 不作规定。

故该螺旋副各直径的极限偏差为

$d=36^{0}_{-0.375}$mm；$d_2=33^{-0.118}_{-0.453}$mm；$d_3=29^{0}_{-0.537}$mm；$D_1=30^{+0.500}_{0}$mm；$D_2=33^{+0.335}_{0}$mm。

(二)Tr 螺纹的加工

1.确定加工工艺路线

(1)装夹∅30mm 外圆处,采用夹套或铜皮以防破坏外表面,校正,夹紧；

(2)粗、精车右端面,控制总长 80mm；

(3)钻中心孔；并一夹一顶装夹；

(4)粗、精车外圆尺寸至∅36mm,长度 48mm；

(5)粗、精切槽底径至∅28mm,控制螺纹长度 40mm；

(6)粗、精车梯形螺纹,采用分层法进行加工。

2.设定工件坐标系

加工如图 4-42 所示梯形螺纹件,根据所确定的加工工艺路线,设定工件坐标系,以该零件的右端面与中心线相交处为工件原点,如图 4-43 所示。

3.确定刀具

(1)选 45°外圆车刀车端面,置于 T01 刀位。

(2)选 93°外圆车刀,置于 T02 刀位。

(3)选刀宽 4mm 切槽刀,置于 T03 刀位。

(4)选外梯形螺纹刀,置于 T04 刀位。

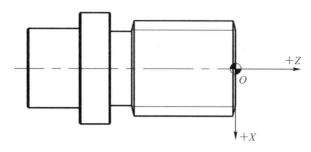

图 4-43　工件坐标系

4.确定切削用量

梯形螺纹类零件的切削用量选定,如表 4-16 所示。

表 4-16　梯形螺纹件加工切削用量

序号	加工面	刀具号	刀具类型	转速/r·min⁻¹	进给量/mm·min⁻¹	切削深度/mm
1	端面	T01	45°外圆车刀	1500	100	0.5
2	粗车外圆	T02	93°外圆车刀	1000	200	2.0
3	精车外圆	T02	93°外圆车刀	1500	100	0.25
4	切槽	T03	4mm 切槽刀	1000	60	4.0
5	车 Tr 螺纹	T04	Tr 螺纹刀	400	F＝6	0.2

5.编制加工工序卡

编制梯形螺纹件的加工工序,如表 4-17 所示。

表 4-17　梯形螺纹件加工工序卡

零件名称	梯形螺纹件	数量		1	工作场地	数控实训场地		日期		
零件材料	45 钢	尺寸单位		mm	使用设备	数控车		工作者		
毛坯规格		∅45mm×82mm					备注			
工序	名称	工艺要求								
		工步	工步内容		刀号	刀具类型		转速/r·mim⁻¹	进给量/mm·min⁻¹	切削深度/mm
1	数控车削	1	夹∅30mm 处,校正、夹紧							
		2	车右端面,控制总长 80mm		T01	45°外圆车刀		1500	100	0.5
		3	钻中心孔,并尾座支顶			中心钻		1500	100	0.5
		4	粗车外圆至∅36.4mm		T02	93°外圆车刀		1000	200	2.0
		5	精车外圆至∅35.8mm		T02	93°外圆车刀		2000	100	0.3
		6	切槽		T03	4mm 切槽刀		1000	60	4
		7	车 Tr 螺纹		T04	梯形螺纹刀		400	F＝6	0.2
编制		审核		批准			共 1 页		第 1 页	

6.加工程序编制

加工梯形螺纹件的梯形螺纹参考程序如表 4-18 所示。

表 4-18　加工图 4-42 梯形螺纹件的梯形螺纹参考程序

程序号：P0001（梯形螺纹）

程序段号	程序内容	程序说明
N10	G90 G21 G95	绝对坐标、公制输入、每分进给
N20	M03 S800	主轴正转、转速 800r/min
N30	T0404	Tr 螺纹刀定位
N40	M08	冷却液开
N50	G00 X38 Z5	刀具快速移动到切削起点
N60	♯101＝36	螺纹公称直径
N70	♯102＝0	右边借刀量初始值
N80	♯103＝－1.876	左边借刀量初始值(tg15 * 3.5 * 2 或 0.938 * 2)
N90	♯104＝0.2	每次吃刀深度,初始值
N100	IF［♯101　LT　29］　GOTO220	加工到小径尺寸循环结束
N110	G0　Z［5＋♯102］	快速走到右边加工起刀点
N120	G92　X［♯101］　Z－30　F6	右边加工一刀
N130	G0　Z［5＋♯103］	快速走到左边加工起刀点
N140	G92　X［♯101］　Z－30　F6	左边加工一刀
N150	♯101＝♯101－♯104	改变螺纹加工直径
N160	♯102＝♯102－0.134 * ♯104	计算因改变切深后右边借刀量(tg15/2＝0.134)
N170	♯103＝♯103＋0.134 * ♯104	计算因改变切深后左边借刀量(tg15/2＝0.134)
N180	IF［♯101　LT　34］　THEN ♯104＝0.15	小于 34 时每次吃刀深度为 0.15
N190	IF［♯101　LT　32］　THEN ♯104＝0.1;	小于 32 时每次吃刀深度为 0.1
N200	IF［♯101　LT　30］　THEN ♯104＝0.05　GOTO 100	小于 30 时每次吃刀深度为 0.05
N210	G92　X29　Z－30　F6;	在底径处精加工两刀
N220	G92　X29　Z－30　F6;	
N230	G00 X100　Z100　M09;	刀架快速退回,关闭冷却
N240	M05;	主轴停
N250	M30	程序结束并回到起始点

7.操作步骤及要点

(1)开机,回参考点。

(2)工件装夹,用三爪自定心卡盘夹持$\varnothing 30$mm外圆,校正,夹紧。

(3)装刀具,将45°外圆车刀装入T01刀位,将93°外圆车刀装入T02刀位;将4mm刀宽切槽刀装入T03刀位;将Tr螺纹刀装入T04刀位。

(4)车端面(T0101),控制总长80mm,钻中心孔,用尾座支顶工件。

(5)对刀(T0202)、(T0303)、(T0404),并建立工件坐标系。

(6)输入表4-18程序并验证加工程序(P0001)等。

(7)确保程序无误后,自动加工,完成梯形螺纹件的加工。

五、任务评价

根据技能实训情况,客观进行质量评价,评价表如表4-19所示。

表4-19　Tr螺纹工件评分表

姓名			图号	SKC-GJG-01		工件编号		
考核项目		考核内容及要求	配分		评分标准		检测结果	得分
			IT	Ra				
主要项目	1	$\varnothing 36^{0}_{-0.375}$	8		超差不得分			
	2	$\varnothing 33^{-0.118}_{-0.453}$	16		超差不得分			
	3	$\varnothing 29^{0}_{-0.537}$	7		超差不得分			
	4	$P=6$	7		超差不得分			
	5	40	7		超差不得分			
	6	2°～15°	7		超差不得分			
一般项目	1	$\varnothing 42$	4		超差不得分			
	2	$\varnothing 30$	4		超差不得分			
	3	$\varnothing 28$	4		超差不得分			
	4	20	4		超差不得分			
	5	48	4		超差不得分			
	6	80	4		超差不得分			
其他	1	锐边倒钝	4		缺一处扣1分			
	2	工件必须完整,局部无缺陷	10		一处不完整扣2分			
	3	安全、文明生产	10		违反规定扣1～10分			
	4	按时完成情况	倒扣分		每超10min扣5分			
合计								

六、任务拓展

如图 4-44 所示,要加工该零件,单件生产,材料为 45 钢,棒料毛坯,毛坯尺寸为 $\varnothing$45mm $\times$ 168mm,请编制车削加工工艺、编制程序并加工。

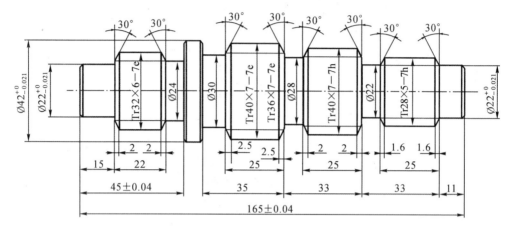

图 4-44 Tr 螺纹轴

思考与练习

1. 梯形螺纹与普通三角螺纹有何区别,常应用于哪种场合?

2. 分别说明代号含义:Tr24 $\times$ 3—7H、Tr40 $\times$ 18(P6)—LH —7H/7e。

3. 查表并确定 Tr28 $\times$ 10(P5)—7H/7e 内、外螺纹各直径的极限偏差。

4. 一般数控车床上车削梯形螺纹有哪几种加工方法?

5. 车削梯形螺纹时,刀具的选用与安装应注意哪些事项?

6. 用单针测量 Tr36 $\times$ 6—7h 梯形螺纹中径,求量针直径 d_D 和千分尺读数 A 的值?

任务四　深孔零件的加工技术

任务导入

深孔是指孔深长度与孔径之比大于 10 的孔。如油缸孔、轴的轴向油孔、空心主轴孔和液压阀孔等,往往长径比都比较大,有些深孔的长径比 L/d 在 100 以上。在这些孔中,有的加工精度和表面质量要求较高,有的被加工材料的切削加工性较差,又由于刀具细长、刚性差,冷却及排屑不顺畅,切削温度不易下降等,常常成为生产中一大难题。但只要合理利用加工条件,了解深孔加工的加工特点,掌握深孔的加工方法,就可以变难为易。

一、任务布置

本任务以深孔零件为主要加工对象,要求学生学习深孔零件加工的相关知识,会在数控车上加工深孔类零件。

【知识目标】

(1)掌握深孔零件加工的相关基础知识。

(2)掌握深孔类零件的加工方法。

【能力目标】

(1)会解决深孔类零件加工排屑和刀具刚性问题。

(2)能合理选择深孔类零件的刀具及切削参数。

(3)会进行深孔类零件的加工。

二、知识链接

(一)深孔加工的特点及关键技术

(1)刀杆受孔径的限制,直径小,长度大,造成刚性差,强度低,切削时易产生振动、波纹、锥度,而影响深孔的直线度和表面粗糙度。

(2)在钻孔和扩孔时,冷却润滑液在没有采用特殊装置的情况下,难于输入切削区,使刀具耐用度降低,而且排屑也困难。

(3)在深孔的加工过程中,不能直接观察刀具切削情况,只能凭工作经验听切削时的声音、看切屑、手摸振动与工件温度,来判断切削过程是否正常。

(4)切屑排除困难,必须采用可靠的手段进行断屑及控制切屑的长短与形状,以利于顺利排除,防止切屑堵塞。

(5)为了保证深孔在加工过程中顺利进行和达到相应要求的加工质量,应增加刀具内(或外)排屑装置、刀具引导和支承装置、高压冷却润滑装置。

(6)刀具散热条件差,切削温度升高,使刀具的耐用度降低。

因此,深孔加工需要解决的关键技术可归纳为深孔刀具的确定和切削时的冷却、排屑问题。

(二)深孔加工刀具及使用

1.枪钻

枪钻,最早用于钻枪孔而得名,多用于加工直径较小(3～13mm)、长径比较大(100～250)的深孔。加工后精度可达 IT10～IT8,表面粗糙度值 Ra 可达 $0.2～0.8\mu m$,孔的直线性较好。如图 4-45 所示,枪钻由深孔钻切削部分和钻杆焊接而成。切削部分用硬质合金或 W18Cr4V 制造而成,钻杆一般为 35～45 钢无缝钢管,上压 120°V 形槽用以排屑,中空可通过切削液自切削部分腰圆孔处进入切削区域。其主切削刃由外刃、内刃两部分构成,交点为钻尖。

钻尖与轴线之间存在一偏移量 e,有利于保证钻入孔内定心导向及控制切屑排向钻心处,以减少与孔壁的摩擦。e 一般为 0.2～0.3D。过大,钻头支承区与孔壁的摩擦加剧,孔壁易被拉毛,切削热量也将增大;过小则导向性变差,钻削不稳定,容易振动并影响加工精度。

枪钻使用时,应注意以下几点:

(1)引钻时,钻头容易摆动,定心差,应预钻一 60°浅孔或增加导向套。

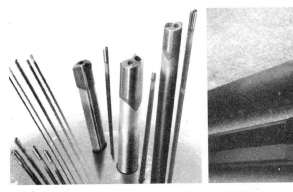

(a) 枪钻实物图

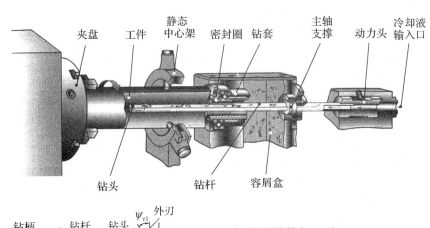

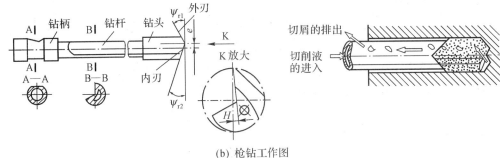

(b) 枪钻工作图

图 4-45　枪钻及工作系统

（2）钻杆细长易变形,溜板或刀架上应装有活动支承支持钻杆。

（3）工件须先校直,减少离心力的影响,保证钻削顺利进行。

（4）随时注意排屑情况,若有堵塞,应立即退出钻头,清除切屑。

（5）切削用量参考:$n=3000$r/min,$f=0.01\sim0.02$mm/r。切削油压力为 6.5MPa、流量为 18L/min,并保持稳定。

（6）枪钻易出现的故障及其排除如表 4-20 所示。

表 4-20 枪钻的故障及排除

故障情况	产生原因
排屑不顺利	冷却系统漏液;刀具几何形状不对;切削液太稠;液压泵损坏;液压系统的设计不当;进给量过大
切屑的形成不良	几何形状不对;钻头太钝;切削液压力不当;表面线速度太低;工件材料质量不均匀
钻头损坏	钻头外刃口磨损过度;进给不正常;切屑排不出;倒锥度不够;机床、工具对准不良;切削液系统损坏;进给量太大或太小;主轴端面窜动太大;刃具材料不好
侧面过度磨损	切削液压力不当;容屑间隙不当
刃具寿命低	刃具伸出太长;切削液温度太高;机床、工具对准不良;几何形状不对;切削液压力不当;线速度太高或进给量太大;切削液不对;硬质合金品种不对
孔的对准不良	机床、工具对准不良;钻头衬套尺寸超差;进给量太大,引起钻杆弯曲
孔不圆	机床、工具没有对准;刃具几何形状不正确,对薄弱工件夹紧力不均匀
孔的尺寸超差	钻尖的角度或钻尖的位置不对;钻头衬套磨损;进给量太大
表面粗糙度不好	线速度太低;耐磨垫条的几何形状不对;切削液压力不当;切削液不对;机床、工具对准不良;进给量过大;过滤不好;钻头衬套过大;有振动;工具材料质量不均匀

2. 错齿内排屑深孔钻

错齿内排屑深孔钻根据刀片的镶嵌方式一般有焊接式和可转位式,如图 4-46 所示。适用于加工直径为 $\varnothing 20 \sim \varnothing 60mm$ 的深孔,精度可达 IT8～IT10,表面粗糙度 Ra 可达 2～5μm,孔的直线度为 0.25/1000 且能成数倍地提高钻孔效率。

(a) 焊接式

(b) 可转位式

图 4-46 错齿内排屑深孔钻

该钻头的切削部分呈交错齿排列,两主切削刃采用不对称、分段、交错排列的形式,其后部的矩形螺纹与中空的钻杆连接,切削液由钻头及孔壁之间进入切削区域,再和切下的切屑一起经钻杆孔排出,如图 4-47 所示。其优点在于:能保证可靠地分屑;克服了整体硬质合金刀具较难控制几何角度的缺点;可根据具体的切削情况及加工材料不同,选用不同牌号的刀片,如钻心部切削速度最低,故选用韧性好的 YG8 刀片,外缘处切削速度较高,则选用耐磨性能较好的 YT15 刀片,有利于充分发挥刀具的切削性能。

使用要点:

(1)钻孔前应先预钻浅孔或使用导向套,防止深孔钻定心不良而摆动。

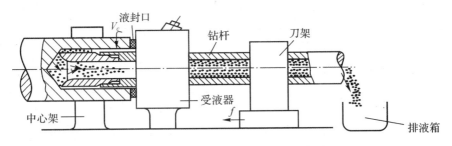

图 4-47　错齿内排屑深孔钻工作示意图

（2）除工件旋转外，有条件时，使刀具也做旋转运动，有利于保持钻杆进给直线运动的稳定性，同时，应尽可能地保证钻杆中心与工件回转中心的重合。

（3）调整走刀量，使之与刀具前面断屑槽相配合，控制切屑成小块 C 字形，便于排出。

（4）导向块应比钻头实际尺寸略小 0.03～0.05mm。

（5）切削用量参考：V_c 一般为 60～90m/min，$f=0.12～0.15$mm/r。采用油液并根据孔径大小调整切削液压力和流量，通常压力为 1.2～1.5MPa，流量为 50～400L/min，且供液箱的密封性要好。

（6）内排屑深孔钻的故障及排除如表 4-21 所示。

表 4-21　内排屑深孔钻的故障及排除

故障情况	产生原因
切屑太小	断屑槽太短或太深；断屑槽半径太小
切屑太大	断屑槽太长或太浅；断屑槽半径太大
不规则的切屑形状	工件材料的均匀性差；进给机构有问题
细条状切屑	断屑槽几何形状有问题；进给机构有问题；工件材料均匀性差
切屑焊接	切削液被细末所污染；工件和刀具材料之间的化学亲和力强；切削刃口崩缺；表面线速度太高
钻头损坏	进给太快；用手动进给取代自动控制
硬质合金刀片损坏	刃口太钝；切削液品种不当；断屑槽太长或太浅；工件材料均匀性差；进给量不正确；切削液污染；工件或刀片及磨损垫条间的化学亲和力强
刀具寿命太短	切削速度太高或太低；进给量过大；硬质合金品种不对；导向垫条磨损过度；导向衬套磨损过度；切削液温度过高；切削液的类型不好
表面粗糙（无过大振动）	故障原因的大部分上列；对准不正确；断屑槽离中心线太上或太下；刀片或耐磨垫条几何形状不好
表面粗糙（有过大振动）	对准不正确；工件弯曲
喇叭口孔	衬套尺寸超差或对准不正确

3. 喷吸钻

喷吸钻切削部分的结构、几何参数均与错齿内排屑深孔钻相似（如图 4-48 所示），适用于加工直径为 ∅20～∅65mm 的一般深孔，精度可达 IT8～IT10，表面粗糙度值为 Ra5～

Ra0.32μm,孔的直线度较好,能达到 0.1/1000。生产效率比麻花钻高 5～10 倍,也高于一般外冷却内排屑深孔钻。而且使用范围广,操作、调整比较方便、安全,切削液也不会四处飞溅。

图 4-48　喷吸钻实物图

喷吸钻与错齿内排屑深孔钻的主要区别是钻杆结构和排屑原理不同,其排屑是将压力切削液从刀体外压入切削区并用喷吸法进行内排屑。喷吸钻刀齿排列有利于分屑。切削液从进液口流入连接套,其中三分之一从内管四周月牙形喷嘴喷入内管。由于牙槽缝隙很窄,切削液喷出时产生的喷射效应能使内管中形成负压区。另三分之二切削液经内管与外管之间流入切削区,汇同切屑被负压吸入内管中,迅速向后排出,增强了排屑效果。喷吸钻工作原理如图 4-49 所示。

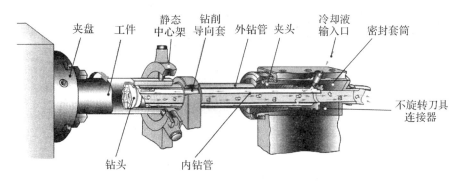

图 4-49　喷吸钻工作原理图

使用要点:

(1)切削液为乳化液,压力要适当,一般为 0.8～1.2MPa,压力过小,切屑不易排出,而导致内管阻塞;若压力过大又易使内管出口处变形,而影响喷吸性能。流量一般为 50～100L/min 较为合适。

(2)为防止钻头扭动,应增加导向套及其他附件。

(3)切削用量参考:$V_c = 100 \sim 120 \text{m/min}$,$f = 0.15 \sim 0.20 \text{mm/r}$。

(4)内刃刀片应具有 3°刃倾角,刀尖须低于中心 0.2mm。

(5)断屑槽参数(一般情况):宽度 $B = 1.4 \sim 2 \text{mm}$,深度 $h = 0.4 \sim 0.5 \text{mm}$,连接圆弧半径 $R = 0.8 \pm 0.1 \text{mm}$ 并应光滑,断屑槽与切削刃的倾斜角为 2°左右。

（6）钻削深孔，若沿钻头圆周放置 3～4 块导向块，将有助于提高钻头刚性，增加阻尼作用，既减少振动，又对孔壁有一定的压光作用。导向块应具有 0.01/100 的倒锥，以免擦伤工件，出现螺旋线痕迹。

4. 深孔浮动铰刀

浮动铰刀是可以沿轴向浮动或沿垂直空间内摆动的一种刀具，加工精度可达 IT7～IT9，表面粗糙度可达 Ra3.2～0.8mm，一般加工精度和生产效率均较高，适用于批量生产。

浮动铰刀块装于刀杆的刀槽内保持滑动配合，间隙在 0.02mm 以内。刀槽的制作要求也较高，刀槽对刀杆轴线的对称度及刀槽侧面和底面与轴线的垂直度误差均不得超过 0.02mm。刀块尺寸可以调整。

浮动铰刀装有 4 块导向垫，其前端的导向部分 a 直径尺寸比镗孔后的孔径小 0.08～0.1mm，后端 b 的直径尺寸则比铰刀尺寸小 0.08～0.1mm。导向垫的尺寸可以是固定的，也可以是可调式的，其制作材料一般采用硬质合金，精铰则使用夹布胶木或白桦木，这些材料具有一定弹性，可避免擦伤孔的表面。刀块浮动，有较好的对中性，能消除机床、刀具误差而引起的孔径尺寸不稳定的弊端，如图 4-50 所示。

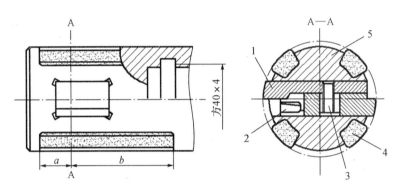

1—刀头　2—调节螺钉　3—紧固螺钉　4—导向垫　5—刀体

图 4-50　深孔浮动铰刀

使用要点：

（1）浮动铰刀可以提高孔的尺寸精度和表面质量，但不能改变孔的形位精度，故半精车时应使孔的直线度和同轴度等达到图样要求。

（2）不宜加工有较大不圆整缺陷的工件。

（3）更换深孔加工刀具时，必须注意更换相应的导向套。

（4）使用硬质合金浮动铰刀精铰，表面粗糙度可达 Ra3.2 以下，圆柱度、圆度误差不大于 0.02mm。

（5）可调式导向垫前端直径与孔紧配，后端直径略大于铰刀尺寸，进入孔内即自行磨除，以保持较准确的导向精度。

5. 深孔镗刀和滚镗头

深孔镗刀也叫深孔镗头（如图 4-51 所示），有一个、两个或若干个切削部分，专门用于对已有的孔进行粗加工、半精加工或精加工的刀具，深孔镗头是深孔刀具的一种，镗孔的加工精度可达 IT7 级以上，表面粗糙度值可达 Ra1.6μm 以上。若在高精度镗床上进行高速精镗,可以获得更高的加工精度。

图 4-51　高效、先进的深孔镗头

为了适应各种孔径和孔深的需要并减少镗刀的品种规格,人们将镗杆和刀头设计成系列化的基本件——模块。使用时可根据工件的要求选用适当的模块,拼合成各种镗刀,从而简化了刀具的设计和制造。

使用要点:

(1)刀具安装时,要特别注意清洁。镗孔刀具无论是粗加工还是精加工,在安装和装配的各个环节,都必须注意清洁度。进行刀柄与机床的装配,刀片的更换等,都要擦拭干净,然后再安装或装配,切不可马虎从事。

(2)刀具进行预调,其尺寸精度、完好状态,必须符合要求。可转位镗刀,除单刃镗刀外,一般不采用人工试切的方法,所以加工前的预调就显得非常重要。预调的尺寸必须精确,要调在公差的中下限,并考虑因温度的因素,进行修正、补偿。刀具预调可在专用预调仪、机上对刀器或其他量仪上进行。

(3)刀具安装后进行动态跳动检查。动态跳动检查是一个综合指标,它反映机床主轴精度、刀具精度以及刀具与机床的连接精度。这个精度如果超过被加工孔要求的精度的 1/2 或 2/3 就不能进行加工,需找出原因并消除后,才能进行。这一点操作者必须牢记,并严格执行,否则加工出来的孔就不能符合要求。

(4)应通过统计或检测的方法,确定刀具各部分的寿命,以保证加工精度的可靠性。

滚镗头如图 4-52 所示,刀具前端是可镗削装置,多数能装 2～8 片可转位刀片(根据工件直径及加工要求不同选择);后部是有 4～50 颗滚珠的滚压刀具,并有相应的聚氨酯防震垫;刀具中心有可出水和不出水两种。

图 4-52　深孔滚镗头

滚镗头的工艺是先镗孔,然后滚压,一次成功。镗孔处设置有两个出屑口,出屑口空腔下半圆向前延伸2～5mm。由于采用内排屑工作方式,供油从镗杆外部供入,经过导条和切削刃后,折回头从镗杆空腔携带切屑向后排出,实现了镗头切削刃和导条的充分冷却润滑,在此基础上,可进一步自由地采用超硬刀具材料制造切削刃和导条,以实现高速高精度的深孔镗削。

滚压孔在常温下采用多圆柱滚子刚性滚压刀具,能使金属表面层产生塑性变形,达到修正工件表面微观不平度,降低表面粗糙度数值的目的,可以代替工件的表面热处理及精加工工序。

金属工件在表面滚压加工后,表层得到强化,极限强度和屈服点增大,工件的使用性能、抗疲劳强度、耐磨性和耐腐蚀性都有明显的提高。经过滚压后,硬度可提高15%～30%,耐磨性提高15%。

滚压加工可以使表面粗糙度从Ra6.3减小到Ra2.4～Ra0.2,并且有较高的生产效率。

滚压加工使用范围广,在各大、中及小型工厂均能使用。不论是从加工质量、生产效率、生产成本等方面来看,滚压加工都是一项比较优越的加工方法。在某些方面,它完全可代替精磨、研磨、珩磨等光整加工。

(三)深孔加工中的冷却与排屑

深孔加工时的冷却、润滑十分重要,尤其是钻削深孔更应注意,因其钻削的切削热和排屑量远远大于车和铰,其温度不易散发。深孔钻削使用的切削液有乳化液和油液两种,乳化液的成分如表4-22所示,使用时需按乳化渡∶清水=1∶4的比例调和。

表4-22　乳化液的成分　　　　单位:%

N15#～N32#机械油	二级松香	工业用油酸	浓度为32%的碱液	酒精
68	10	12	5	5

油液作切削液可减少导向块与孔壁间的摩擦,促使切削油温尽快降至35℃以下,应在油箱内附加冷却装置。常用的切削油有85%N10#～N20#机械油与15%煤油的混合油,若使用70%的硫化切削油、25%的煤油及5%的氯化石蜡混合润滑、冷却,对保持刀具锋利和孔的表面粗糙度都较有利。

切削液的流量、压力与钻孔直径的关系如表4-23所示,表中压力是孔深2m时的数值,孔深增加,压力应增加,以保证切削液顺利进入切削区域。

表4-23　深孔加工切削液的流量和压力

钻孔直径/mm	流量/L·min⁻¹	压力/MPa
10～15	30～50	5
15～25	50～75	2.5～4.5
25～80	100～200	1～2

排屑是否顺畅,是深孔加工中考虑的又一重要问题。排屑不畅而出现堵塞,不仅影响切削液的冷却效果,还可能造成深孔加工刀具的损坏和工件报废。

1.深孔钻削时的排屑

(1)外排屑。高压切削液经钻杆孔流入切削区域,切屑在切削液的冲刷下与切削液一起自钻杆与孔壁之间的空间排出。采用这种排屑方式,刀具结构比较简单,不需要使用专用机床和专用辅具,排屑、容屑空间较大,特别适合于小直径深孔钻及深孔套料钻。

(2)内排屑。切削液从钻杆与工件孔壁的间隙进入切削区域,切除的切屑汇同切削液通过钻杆孔排出的方式。内排屑又分为喷吸式内排屑和高压内排屑两种。内排屑方式钻杆直径较大,刚性得以增加,有利于提高进给量与生产效率。机床必须装受液器与封油头,并备有整套供液系统,由于受液器、封油头都能起导向作用,故有利于钻杆工作中的稳定,冷却、排屑效果也较好。

2.车削、铰孔时的排屑

车削、铰削主要通过刃倾角控制切屑的流向并与适当的切削用量相配合,获得较好的断屑效果,在具有一定压力切削液的作用下排出孔外。

(四)深孔加工的方法及注意事项

深孔加工的方法有许多种,主要根据孔的尺寸大小、精度要求等选择使用。

1.深孔钻削

根据加工需要选择适当的深孔钻进行钻削。

(1)在数控车上钻削深孔需要一些辅助工具,主要有:

①钻杆。用于安装深孔钻切削部位,装卸迅速、方便,要注意防止变形。

②钻杆夹持架。装于方刀架上或中滑板上,需注意开口衬套的中心与机床主轴回转轴线的同轴度误差不大于0.02mm。

③导向套。装在工件需钻孔的端面上,防止深孔钻即将进入工件时摆动。

此外,还需中心架、供液系统、集液箱等其他附件。

(2)深孔钻削应注意的事项主要有:

①钻削深孔前,应预先钻出导向孔或使用导向套,导向套轴线应与主轴轴线同轴。

②钻杆、钻头连接部的多线矩形螺纹,牙高不宜过深,一般为0.5~2mm左右,螺纹升角为5°左右,便于更换、装卸钻头。

③导向块与工件接触部位,应用油石打磨圆滑,不允许留有锐角、毛刺。

④钻头主切削刃上产生积屑瘤,将使切屑时断时续甚至不易折断,应及时排除。

⑤钻削中发现屑形杂乱、切屑堵塞,应立即停钻,仔细检查原因并予以排除。

⑥调整机床各部件间隙,主轴的径向跳动和轴向窜动不大于0.01mm;床身导轨在水平面和垂直面上的直线度误差不超过0.05mm。

⑦若切削液在管道内压力损失较大,以致影响正常排屑时,可适当减小钻杆外径,增大进液间隙,同时减小钻头部分的进液间隙,使切削液进入切削区域的流速提高,冲击力增大,从而保证切屑的顺利排出。

⑧依靠听、看、摸,掌握钻削情况,发现问题及时排除。

听——根据钻削中夹杂的噪声,判断切削是否正常。

看——根据钻杆的跳动,判断钻孔直线性的变化,根据切屑形态的变异,判断排屑是否顺利等。

摸——根据触摸钻杆感觉到的振动、进出液口切削液的温差,判断切削热的积聚原因。

2.深孔车削

车削深孔的技术难度很大,特别是孔径小、孔的长度深、精度和表面质量要求高的孔的加工。车削深孔除冷却、排屑困难、刀具磨损加剧等情况外，刀杆刚性差还容易产生让刀，进、出口出现波纹、锥形或孔径变大的缺陷。

（1）车削深孔的步骤如下：

①钻孔：同深孔钻削，不再论述。

②扩孔：使用带导向块的扩孔钻进行，切削用量和钻削深孔基本相同。由于扩孔的余量较少和导向块的作用，扩孔后的圆柱度误差较小，孔的同轴度和直线性也比较好，表面粗糙度 Ra 可控制在 $6.3\mu m$ 内，为车孔或镗孔工序打下基础。但扩孔的孔径和导向块直径达到配合要求，使用导向套校正刀具，以充足的切削液把切屑从待加工表面方向冲走。

③车或镗孔：车削深孔一般为粗加工或精度要求不太高的工件，精度要求高的深孔则采用浮动镗刀分两次进行，第一次为半精加工，可采用可调式浮动镗刀，刀块与刀槽保持滑动配合，并能在刀槽内做微量径向移动，使双刀刃对称切削，获得相等的切削深度。

工件半精加工以后，换上精镗的刀头做最后精加工，对于精度和表面粗糙度要求较高的深孔，可采用滚镗头或采用珩磨头进行最后精整加工。

（2）车削深孔应注意的事项：

①增加工件的刚性和刀杆的强度，并保证车床主轴回转中心、中心架支承中心及刀杆支持部件的中心同轴。

②浮动刀块与刀槽的配合间隙不得大于 0.02mm，两刀刃位置必须在工件孔的对分线上，并与车床主轴回转轴线平行。

③半精加工后的余量不宜过大，一般为 0.05～0.2mm，形状位置精度达到图样要求，为精加工创造良好条件。

④随时注意观察加工过程的各种现象，及时检查，发现问题要采取相应措施。

⑤加压送给切削液，使冷却润滑充分，并借以朝预定方向冲走切屑。

3.深孔精铰

精铰深孔可采用深孔浮动铰刀进行，加工方法与深孔镗削类似，而对于精度较高、直径较小的深孔，则可使用小直径深孔铰刀加工。

精铰深孔时，铰刀的安装必须使铰刀轴线与工件轴线重合，铰孔前的直线性应先予以保证，铰刀切削刃不允许有缺损。可调式铰刀尺寸必须校正准确，取下铰刀不拉伤工件表面等，以保证铰削质量。

三、任务分析

如图 4-53 所示：工件为一油缸，材料为 45 钢无缝钢管，外圆直径 $\varnothing95mm$，内孔直径为 $\varnothing65mm$，长度为 855mm，要求加工孔的直径为 $\varnothing70^{+0.19}_{0}mm$，深径比为 12 左右，孔的圆柱度误差不大于 0.03mm，孔轴线对两端 $\varnothing82^{0}_{-0.022}mm$ 外圆轴线的同轴度公差为 0.04mm，孔的表面粗糙度值不大于 Ra1.6μm。为了达到孔的尺寸精度、形位精度以及表面粗糙度，故选择镗孔加工。

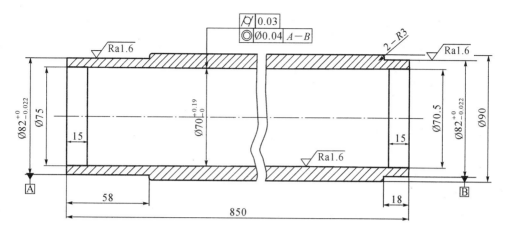

图 4-53　油缸零件图

四、技能实训

(一)工艺准备

(1)备料:无缝钢管,外圆直径$\varnothing95$mm,内孔直径为$\varnothing65$mm,长度为855mm。

(2)夹具准备:三爪卡盘、锥堵、中心架,双顶尖及鸡心夹头。

(3)刀具准备:

①选45°外圆车刀车端面,置于T04刀位;

②选粗外轮廓刀置于T01刀位;

③选精车外轮廓刀置于T02刀位;

④选精车内轮廓车刀(车内锥)置于T03刀位;

⑤选深孔粗镗刀及精镗刀;

⑥珩磨工具及珩磨头;

⑦中心钻B3。

(4)确定切削用量:图4-53所示深孔件的切削用量选定如表4-24所示。

表 4-24　深孔件加工切削用量

序号	加工面	刀具号	刀具类型	转速/r·min⁻¹	进给量/mm·min⁻¹	切削深度/mm
1	端面	T04	45°外圆车刀	400	80	0.5
2	粗车外轮廓	T01	93°左偏刀	400	150	0.5
3	精车外轮廓	T02	外轮廓刀	400	80	0.2
4	精车内轮廓	T03	精内孔刀	400	80	0.1
5	粗镗		粗镗刀	300	120	1.5
6	半精镗		半精镗刀	300	100	0.65
7	精镗		精镗刀	400	60	0.3
8	珩磨		珩磨头	100	100	0.05

（二）操作要领及步骤

（1）卡盘夹持工件并以中心架支持远端，校正后车端面，粗车外圆$\varnothing 90\text{mm}$，至靠近中心架，$\varnothing 86\text{mm}\times 58\text{mm}$。

（2）调头，用同样方法，装夹并校正工件，车端面，保证总长852mm，粗车外圆$\varnothing 90\text{mm}$至接刀处，$\varnothing 86\text{mm}\times 14\text{mm}$，粗镗内孔至$\varnothing 86\text{mm}$。

（3）安排热处理：人工时效。

（4）卡盘夹持工件并以中心架支持远端，校正后车端面，以深孔镗刀半精镗至$\varnothing 69.3\text{mm}$，精镗至$\varnothing 70_{-0.10}^{-0.05}\text{mm}$，车锥度达图样要求，使用珩磨头珩磨$\varnothing 70_{0}^{+0.19}\text{mm}$内孔。精车锥体达到图纸要求。

（5）调头，采用同样方法装夹工件并校正，车端面，控制总长850mm，精车内锥体达到图样要求。

（6）使用锥堵，以两顶尖安装工件。半精车、精车外轮廓面，达到图样要求。

（三）编制加工工序卡

编制深孔件的加工工序，如表 4-25 所示。

表 4-25　深孔件加工工序卡

零件名称	深孔件	数量	1	工作场地	数控实训场地	日期	
零件材料	45 钢	尺寸单位	mm	使用设备	数控车	工作者	
毛坯规格		$\varnothing 70\text{mm}\times 123\text{mm}$				备注	

工序	名称	工艺要求							
		工步	工步内容	刀号	刀具类型	转速/ $r\cdot min^{-1}$	进给量/ $mm\cdot min^{-1}$	切削深度/ mm	
1	数控车削	1	卡盘夹持工件并以中心架支持远端，校正						
		2	车一端面	T04	45°外圆车刀	400	80	0.5	
		3	粗车外圆$\varnothing 90\text{mm}$至靠近中心架，$\varnothing 86\text{mm}\times 58\text{mm}$	T01		400	150	0.5	400
		4	调头，用同样方法，装夹并校正工件						
		5	车另一端面，保持尺寸852mm	T04	45°外圆车刀	400	80	0.5	
		6	粗车外圆$\varnothing 90\text{mm}$至接刀处，$\varnothing 86\text{mm}\times 14\text{mm}$	T01		400	150	0.5	400
		7	粗镗内孔至$\varnothing 86\text{mm}$		粗镗刀	300	120	1.5	
		8	热处理：人工时效						
		9	卡盘夹持工件并以中心架支持远端，校正						

工序	名称	工艺要求						
		工步	工步内容	刀号	刀具类型	转速/ $r \cdot min^{-1}$	进给量/ $mm \cdot min^{-1}$	切削深度/ mm
1	数控车削	10	车一端面	T04	45°外圆车刀	400	80	0.5
		11	半精镗至$\varnothing$69.3mm		半精镗刀	300	100	0.65
		12	精镗至$\varnothing 70^{-0.05}_{-0.10}$mm		精镗刀	400	60	0.3
		13	珩磨头珩磨 $\varnothing 70^{+0.19}_{0}$mm 内孔		珩磨头	100	100	0.05
		14	精车锥体	T03	精内孔刀	400	80	0.1
		15	卡盘夹持工件并以 中心架支持远端,校正					
		16	车一端面,控制总长850mm	T04	45°外圆车刀	400	80	0.5
		17	精车锥体	T03	精内孔刀	400	80	0.1
		18	使用锥堵, 以两顶尖安装工件					
		19	精车外轮廓面	T02	外轮廓刀	400	80	0.2
		20	卸下工件,送检					
编制		审核		批准		共 1 页	第 1 页	

(四)操作注意事项

(1)零件在切削力和夹紧力的作用下,容易产生变形,故要采取相应的工艺措施加以防范。

(2)零件壁比较薄,切削时受切削热的影响容易产生变形,故应选择合理的刀具、切削用量,并充分加注切削液。

(3)深孔粗镗、半精镗、精镗及珩磨时,严格校正,必要时采用导向块。

(4)取下锥堵后应检查两端锥孔有无损伤,必要时予以修正。

(5)加工中应仔细观察各种现象,若有异常及时查找原因并排除,以防加工出废品。

五、任务评价

根据技能实训情况,客观进行质量评价,评价表如表4-26所示。

表 4-26　深孔工件评分表

姓名			图号		SKC-GJG-04	工件编号	
考核项目			考核内容及要求	配分		评分标准	检测结果	得分
				IT	Ra			
主要项目	1	$\varnothing 70_0^{+0.19}$　　　　$Ra1.6$		15	5	超差不得分		
	2	$2-\varnothing 82_{-0.022}^0$　　$Ra1.6$		12	5	超差不得分		
	3	⟋ 0.03		6		超差不得分		
	4	◎ $\varnothing 0.04$ A-B		6		超差不得分		
	5	短锥面（两端）		10		超差不得分		
一般项目	1	$\varnothing 90$		4		超差不得分		
	2	18		4		超差不得分		
	3	58		4		超差不得分		
	4	850		6		超差不得分		
	5	2-R3		4		超差不得分		
其他	1	锐边倒钝		4		缺一处扣1分		
	2	工件必须完整，局部无缺陷		10		一处不完整扣2分		
	3	安全、文明生产		10		违反规定扣1～10分		
	4	按时完成情况		倒扣分		每超10min扣5分		
合计								

六、任务拓展

如图 4-54 所示，要加工该深孔零件，单件生产，材料为 HT200，毛坯尺寸为铸造件，请编制车削加工工艺、编制程序并加工。

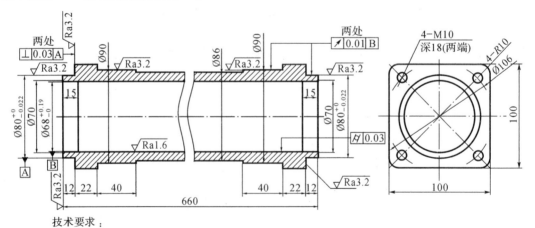

技术要求：

两端 $\varnothing 90$ 尺寸要一致，其偏差不大于0.04mm。

图 4-54　液压筒零件图

思考与练习

1. 何谓深孔,深孔加工有何特点?

2. 深孔为什么比较难加工,加工深孔应解决哪些关键技术问题?

3. 怎样解决深孔加工中的冷却与排屑问题?

4. 常用的深孔加工方法有哪些? 使用过程中应注意什么问题?

5. 如何保证深孔加工时孔的直线度?

6. 枪钻有何特点? 使用时应注意哪些事项?

7. 试分析喷吸钻的工作原理。

8. 深孔镗刀和滚镗头有何特点,使用时应注意什么问题?

模块五　典型配合零件的加工技术

知识目标

(1)建立配合公差的概念。

(2)了解配合公差的术语及定义。

(3)了解不同配合的应用场合。

(4)掌握配合零件的加工编程技巧。

技能目标

(1)会查阅配合公差表。

(2)会进行配合尺寸的分析和计算。

(3)会根据配合要求合理布置加工工艺。

(4)会加工配合类零件并控制配合尺寸。

任务一　圆柱孔轴配合件的加工

任务导入

配合件的加工不同于单个零件的加工,在配合件加工过程中,需要特别注意配合部分的尺寸与形位公差。强化公差与配合的相关知识,如:配合类型、配合方式、配合公差、配合基准等。圆柱孔轴配合在配合件中是最常见的配合方式,也是技能训练中所需要掌握的最基本的配合类型。

一、任务布置

本任务主要了解孔轴配合与公差的相关理论知识,了解孔轴配合的基本术语及其定义,了解不同的配合类型,学会查阅公差配合表,掌握孔轴配合件的加工方法、编程技巧、精度控制技巧等操作技能。

【知识目标】

(1)熟悉公差配合的基本术语及定义。

(2)了解不同的配合类型。

【技能目标】

(1)会根据配合类型安排相应的加工工艺。

(2)会控制配合尺寸的精度。

二、知识链接

(一)尺寸的术语和定义

(1)线性尺寸(简称尺寸):用特定单位(如毫米)表示长度值(如直径、宽度、高度、深度、厚度及中心距等)的数字。

(2)基本尺寸:设计给定的尺寸,即根据零件的刚度、强度、结构工艺等,经标准化(圆整)后确定的尺寸。

(3)极限尺寸:允许尺寸变化的两个界限值,分别称为最大极限尺寸和最小极限尺寸。孔和轴分别用符号 D_{max}、D_{min} 和 d_{max}、d_{min} 表示。它们是设计要求控制的尺寸,可大于、小于或等于基本尺寸。

(4)实际尺寸:通过测量得到的尺寸。孔和轴分别用 D_a 和 d_a 表示。

(二)公差与偏差的术语及定义

(1)尺寸偏差(简称偏差):某一尺寸(极限尺寸或实际尺寸)减其基本尺寸所得的代数差,分为极限偏差和实际偏差两类。

(2)尺寸公差(简称公差):指允许尺寸的变动量。孔和轴的公差分别用符号 T_h 和 T_s 表示。

$$T_h = D_{max} - D_{min} = ES - EI$$
$$T_s = d_{max} - d_{min} = es - ei$$

(3)公差带图及公差带:表示孔和轴的偏差、公差与尺寸的关系图,称为公差带图;公差带图中,由代表上、下偏差的两条直线所形成的区域称为公差带。

公差带由"公差带大小"和"公差带位置"组成,前者由公差值确定,后者由极限偏差(上偏差或下偏差)确定。

(4)标准公差:国家标准所规定的公差值。

(5)基本偏差:一般指两个极限偏差中靠近零线的那个偏差。

(三)配合的术语及定义

1.配合

基本尺寸相同,相互结合的孔,轴公差带之间的关系。(对一批零件而言)配合反映了机器上相互结合的零件间的松紧程度。

2.间隙与过盈

孔的尺寸减去相配合轴的尺寸所得的代数差,此值为正时叫间隙,为负时叫过盈,分别用符号"x"和"y"表示。

3.配合种类

反映孔、轴公差带之间的不同关系。配合分为以下三类。

(1)间隙配合:孔公差在轴公差带上方的配合。即具有间隙的配合(包括 $X_{min} = 0$ 的配合）。对一批零件而言，所有孔的尺寸大于等于轴的尺寸，间隙的作用在于：储存润滑油，补偿温度引起的尺寸变化，补偿弹性变形及制造与安装误差。

（2）过盈配合：孔公差带在轴公差带下方的配合，即具有过盈的配合（包括 $Y_{min}=0$ 的配合）。对一批零件而言，所有孔的尺寸小于等于轴的尺寸。过盈配合用于孔、轴的紧固连接，不允许两者有相对运动。

（3）过渡配合：孔公差带与轴公差带相互交叠的配合，即可能具有间隙或过盈的配合（对一批零件而言）。对一个具体的实际零件进行装配时，只能得到间隙（或过盈），只能得其一。过渡配合主要用于孔、轴间的定位联结（既要求装拆方便，又要求对中性好）。

4. 配合公差

间隙或过盈的允许变动量，用符号"T_f"表示。配合公差等于组成配合的孔轴公差之和。它决定于相互配合的孔轴公差。设计时也可根据配合公差来确定孔轴公差。

间隙配合：$T_f = x_{max} - x_{min} = T_h + T_s$

过盈配合：$T_f = y_{max} - y_{min} = T_h + T_s$

过渡配合：$T_f = x_{max} - y_{max} = T_h + T_s$

5. 基准制

GB/1800.3—1998 规定了两种基准制，分别为基孔制和基轴制。为了设计和制造上的经济性，把其中的孔公差带（或轴公差带）的位置固定，而改变轴公差带（或孔公差带）的位置来形成所需要的各种配合。

三、任务分析

（一）常见配合案例

轴承配合应综合考虑负荷的大小、方向、性质、工作温度、转速、安装与拆卸方便，以及孔、轴零件的加工成本。一般传动的滚动轴承，建议采用 H7/h6 或 H8/h7 的间隙定位配合，零件可自由装卸，而工作时一般相对静止不动。在最大实体条件下的间隙为零，在最小实体条件下的间隙由公差等级决定。当轴承外径大于 200mm，与外壳配合时，孔的公差还要选大些的。

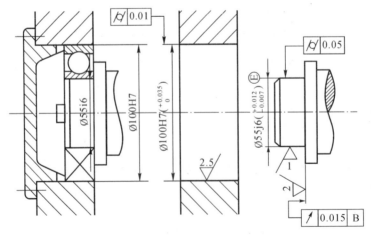

图 5-1 轴颈和外壳孔公差在图样上的标注示例

以图 5-1 为例:内圈基准孔公差带位于以 d 为零线的下方[轴承内圈通常与轴一起旋转,为防止结合面间相对滑动,应选用小过盈的配合。国标规定此公差带在零线下方,使它与形成标准过渡配合的公差带(j,js,k,m,n)相配时,得到较紧的配合],上偏差为零;外圈基准轴公差带同样位于以 D 为零线的下方,与具有基本偏差 h 的公差带类似,但公差值不同,上偏差为零。

(二)常用配合类型

常用配合类型如表 5-1 所示。

表 5-1　常用配合类型

配合类型	含义	图例
间隙配合	孔的公差带完全在轴的公差带之上,任取其中一对轴和孔相配都称为具有间隙的配合(包括最小间隙为零)	
过盈配合	孔的公差带完全在轴的公差带之下,任取其中一对轴和孔相配都称为具有过盈的配合(包括最小过盈为零)	
过渡配合	孔和轴的公差带相互交叠,任取其中一对孔和轴相配合,可能具有间隙,也可能具有过盈的配合	

(三)基准制

基准制的含义和图例如表 5-2 所示。

表 5-2　基准制的含义和图例

基准制	基孔制	基轴制
含义	基本偏差为一定的孔的公差带,与不同基本偏差的轴的公差带构成各种配合的一种制度称为基孔制。这种制度在同一基本尺寸的配合中,是将孔的公差带位置固定,通过变动轴的公差带位置,得到各种不同的配合 　　基孔制的孔称为基准孔。国标规定基准孔的下偏差为零,"H"为基准孔的基本偏差	基本偏差为一定的轴的公差带与不同基本偏差的孔的公差带构成各种配合的一种制度称为基轴制。这种制度在同一基本尺寸的配合中,是将轴的公差带位置固定,通过变动孔的公差带位置,得到各种不同的配合 　　基轴制的轴称为基准轴。国家标准规定基准轴的上偏差为零,"h"为基轴制的基本偏差

续表

基准制	基孔制	基轴制
图例	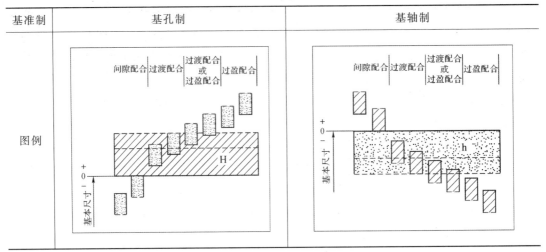	

注:两个基准件的公差都是按向体原则分布的,即按加工尺寸变化的方向分布,它们均处于工件的实体之内。

四、技能实训

1.零件图纸

用数控车床完成如图 5-2 所示零件的加工。此零件为配合件,件 1 与件 2 相配,使用 2 段毛坯材料,零件材料为 45 钢,毛坯尺寸为 $\varnothing50\text{mm}\times108\text{mm}$、$\varnothing50\text{mm}\times45\text{mm}$。其中件 1

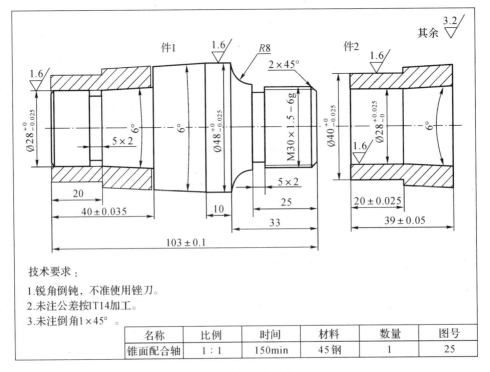

技术要求:

1.锐角倒钝,不准使用锉刀。

2.未注公差按IT14加工。

3.未注倒角1×45°。

名称	比例	时间	材料	数量	图号
锥面配合轴	1:1	150min	45钢	1	25

图 5-2　孔轴配合组合件

和件 2 中各包含一个 $\varnothing 28mm$ 的外圆和一个 6°的锥面,通过孔轴及锥度的配合,要使得最终的配合尺寸(103 ± 0.1)mm 控制在公差范围之内。

2.零件成品

如图 5-3 所示就是该孔轴配合组合件的成品。

图 5-3　孔轴配合组合件成品

3.零件评分表

根据技能实训情况,客观进行质量评价,评分表如表 5-3 所示。

表 5-3　零件评分表

工件编号(姓名)			总得分				
项目与配分		序号	技术要求	配分	评分标准	检测结果	得分
工件加工质量(60 分)	外轮廓	1	$\varnothing 28_{-0.025}^{0}$	5	超差 0.01 扣一半,超差 0.02 以上全扣		
		2	$\varnothing 48_{-0.025}^{0}$	5	超差 0.01 扣一半,超差 0.02 以上全扣		
		3	$\varnothing 40_{-0.025}^{0}$	5	超差 0.01 扣一半,超差 0.02 以上全扣		
		4	M30×1.5—6g	7	通规通,止规止		
		5	40±0.035	5	超差 0.01 扣一半,超差 0.02 以上全扣		
		6	5×2	2			
		7	103±0.1	7	超差 0.01 扣一半 超差 0.02 以上全扣		
		8	R8	1			
		9	20±0.025	5	超差 0.01 扣一半,超差 0.02 以上全扣		
		10	39±0.05	5	超差 0.01 扣一半,超差 0.02 以上全扣		
		11	6°	2			
		12	倒角	1			
		13	表面粗糙度	3			

续表

工件编号(姓名)				总得分		
项目与配分		序号	技术要求	配分	评分标准	检测结果	得分

项目与配分		序号	技术要求	配分	评分标准	检测结果	得分
工件加工质量 (60分)	内轮廓	14	$\varnothing 28_0^{+0.025}$	5	超差0.01扣一半, 超差0.02以上全扣		
		15	6°	1			
		16	表面粗糙度	1	升高一级全扣		
程序与工艺 (15分)		17	程序正确、合理等	5	出错一次扣1分		
		18	切削用量选择合理	5	出错一次扣1分		
		19	加工工艺制定合理	5	出错一次扣1分		
机床操作 (15分)		20	机床操作规范	7	出错一次扣1分		
		21	刀具、工件装夹	8	出错一次扣1分		
其他 (10分)		22	工件无缺陷	5	缺陷一处扣1分		
		23	按时完成	5	超1分钟扣1分, 超出5分钟停止操作		
安全文明生产 (倒扣分)		24	安全操作机床	倒扣	出事故停止操作 或酌情扣5~10分		
		25	工量具摆放	倒扣	不符规范 酌情扣5~10分		
		26	机床整理	倒扣			

4. 准备通知单

(1)材料准备。

工件:材料为45钢,毛坯尺寸:$\varnothing 50mm \times 108mm$、$\varnothing 50mm \times 45mm$。

(2)刀具、工具、量具准备单,如表5-4所示。

表5-4 刀具、工具、量且准备单

分类	名称	规格	数量	备注
刀具	外圆粗、精车车刀	93°	1	
	端面车刀	45°	1	
	外圆车槽刀	刀宽3 mm	1	
	外圆螺纹车刀	60°	1	
	内孔车刀	$\varnothing 12mm$	1	
	钻头	$\varnothing 25mm$	1	
	中心钻	A3	1	

分类	名称	规格	数量	备注
工具	回转顶尖	60°	1	
	固定顶尖	60°	1	
	锉刀		1套	
	铜片		若干	
	夹紧工具		1套	
	刷子		1把	
	油壶		1把	
	清洗油		若干	
量具	外径千分尺	0～25 mm	1	
	外径千分尺	25～50 mm	1	
	外径千分尺	50～75 mm	1	
	内径量表	18～35mm	1	
	带表游标卡尺	0～150mm	1	
	螺纹环规	M30×1.5	1套	
其他	垫刀片		适量	
	草稿纸		适量	
	计算器			自备
	工作服			自备
	护目镜			自备

5.加工工艺卡片

在制定零件加工工艺的过程中,要注意尽可能地选择合理的工序安排,使之能够尽可能地减少装刀、换刀的次数,从而达到提高加工效率的目的。以表5-5为例:

表5-5 加工工序卡

序号	加工内容	刀具	转速/r·min⁻¹		进给速度/mm·min⁻¹	背吃刀量/mm		操作方法	程序号
装夹工件1伸出70mm									
1	车右端面	T0404	1000		80	0.5		手动	
2	车右端各档外圆至锥度	T0101	粗	1000	120	粗	2	自动	O0001
			精	2000		精	0.5		
3	切槽(刀宽3mm)	T0202	600		40			自动	O0002
4	车螺纹	T0303	800					自动	O0003

续表

序号	加工内容	刀具	转速/ r·min⁻¹		进给速度/ mm·min⁻¹	背吃刀量/ mm		操作方法	程序号
装夹∅48mm外圆,平端面控制总长									
5	车左端面	T0404	1000		80	0.5		手动	
6	车左端各档外圆	T0101	粗	1000	120	粗	2	自动	O0004
			精	2000		精	0.5		
7	切槽(刀宽3mm)	T0202	600		40			自动	O0005
装夹工件2伸出30mm									
8	车右端面	T0404	1000		80	0.5		手动	
9	车直径40外圆	T0101	粗	1000	120	粗	2	自动	O0006
			精	2000		精	0.5		
装夹∅40mm外圆,平端面控制总长									
10	车左端面	T0404	1000		80	0.5		手动	
11	车右端锥度	T0101	粗	1000	120	粗	2	自动	O0007
			精	2000		精	0.5		
12	钻孔		500		30			手动	
13	车内孔	T0505	粗	700	100	粗	1	自动	O0008
			精	1200		精	0.5		

6.参考程序

加工图5-2孔轴配合组合件的参考程序如表5-6～表5-13所示。

表5-6 加工图5-2孔轴配合组合件的参考程序(一)

程序段号	程 序	程序说明
	O0001	车右端各档外圆至锥度
N10	%1	
N20	G90	设置加工前准备参数
N30	M03 S1000	
N40	T0101	
N50	G00 X52 Z5	刀具快速移动到循环起点
N60	G71 U2 R5 X0.5 Z0.1 P140 Q240 F120	外轮廓粗车循环
N70	G00 X100	刀具退至安全点,主轴停转,程序暂停
N80	Z100	
N90	M05	
N100	M00	

程序段号	程　　序	程序说明
N110	M03 S2000	设置精加工前准备参数
N120	T0101	
N130	G00 X52 Z5	刀具快速移动到循环起点
N140	G40 G00 X50 Z4	外轮廓加工
N150	G42 G00 X27 Z2	
N160	G01 Z0 F120	
N170	X29.7 Z−1.5	
N180	Z−25	
N190	X32	
N200	G02 X48 Z−33 R8	
N210	G01 Z−43	
N220	X45.69 Z−65	
N230	X50	
N240	G40 G00 X52	
N250	X100	退刀至安全点,主轴停转,程序结束并返回
N260	Z100	
N270	M05	
N280	M30	

表 5-7　加工图 5-2 孔轴配合组合件的参考程序(二)

程序段号	程　　序	程序说明
	O0002	右端切槽程序
N10	%2	设置加工前准备参数
N20	G90	
N30	M03 S600	
N40	T0202	
N50	G00 X35 Z5	刀具快速移动到循环起点
N60	Z−25	切槽
N70	G01 X26 F40	
N80	X31	
N90	Z−23	
N100	X26	
N110	Z−25	
N120	X31	

续表

程序段号	程　序	程序说明
N130	G00 X100	刀具退至安全点,主轴停转,程序暂停
N140	Z100	
N150	M05	
N160	M30	

表 5-8　加工图 5-2 孔轴配合组合件的参考程序(三)

程序段号	程　序	程序说明
	O0003	螺纹程序
N10	%3	设置加工前准备参数
N20	T0303	
N30	M03 S800	
N40	G00 X35 Z5	
N50	G76 C1 A60 K0.85 X28.05 Z－23 U0.1 V0.2 Q0.3 F1.5	车螺纹
N60	G00 X100	刀具退至安全点,主轴停转,程序暂停
N70	Z100	
N80	M05	
N90	M30	

表 5-9　加工图 5-2 孔轴配合组合件的参考程序(四)

程序段号	程　序	程序说明
	O0004	车左端各档外圆
N10	%4	设置加工前准备参数
N20	G90	
N30	M03 S1000	
N40	T0101	
N50	G00 X52 Z5	刀具快速移动到循环起点
N60	G71 U2 R5 X0.5 Z0.1 P150 Q230 F120	外轮廓粗车循环
N70	G00X100	刀具退至安全点,主轴停转,程序暂停
N80	Z100	
N90	M05	
N100	M00	
N110	M03 S2000	设置精加工前准备参数
N120	T0101	

程序段号	程　序	程序说明
N130	G00 X52 Z5	刀具快速移动到循环起点
N140	G40 G00 X50 Z4	外轮廓加工
N150	G42 G00 X27 Z2	
N160	G01 Z0 F120	
N170	X28 Z－0.5	
N180	Z－20	
N190	X30.1 Z－40	
N200	G02 X48 Z－33 R8	
N210	X50	
N220	N2 G40 G00 X52	
N230	X100	退刀至安全点,主轴停转,程序结束并返回
N240	Z100	
N250	M05	
N260	M30	

表 5-10　加工图 5-2 孔轴配合组合件的参考程序(五)

程序段号	程　序	程序说明
	O0005	左端切槽程序
N10	％1	设置加工前准备参数
N20	G90	
N30	M03 S600	
N40	T0202	
N50	G00 X35 Z5	刀具快速移动到循环起点
N60	Z－25	切槽
N70	G01 X26 F40	
N80	X31	
N90	Z－23	
N100	X26	
N110	Z－25	
N120	X31	
N130	G00 X100	刀具退至安全点,主轴停转,程序暂停
N140	Z100	
N150	M05	
N160	M30	

表 5-11　加工图 5-2 孔轴配合组合件的参考程序（六）

程序段号	程　序	程序说明
	O0006	车直径 40 外圆
N10	%1	设置加工前准备参数
N20	G90	
N30	M03 S1000	
N40	T0101	
N50	G00 X52 Z5	刀具快速移动到循环起点
N60	G71 U2 R5 X0.5 Z0.1 P140 Q200 F120	外轮廓粗车循环
N70	G00 X100	刀具退至安全点，主轴停转，程序暂停
N80	Z100	
N90	M05	
N100	M00	
N110	M03 S2000	设置精加工前准备参数
N120	T0101	
N130	G00 X52 Z5	刀具快速移动到循环起点
N140	G40 G00 X50 Z4	外轮廓加工
N150	G42 G00 X39 Z2	
N160	G01 Z0 F120	
N170	X40 Z-0.5	
N180	Z-20	
N190	X50	
N200	G40 G00 X52	
N210	X100	退刀至安全点，主轴停转，程序结束并返回
N220	Z100	
N230	M05	
N240	M30	

表 5-12　加工图 5-2 孔轴配合组合件的参考程序（七）

程序段号	程　序	程序说明
	O0007	车右端锥面
N10	%1	设置加工前准备参数
N20	G90	
N30	M03 S1000	
N40	T0101	

程序段号	程 序	程序说明
N50	G00 X52 Z5	刀具快速移动到循环起点
N60	G71 U2 R5 X0.5 Z0.1 P140 Q190 F120	外轮廓粗车循环
N70	G00 X100	刀具退至安全点,主轴停转,程序暂停
N80	Z100	
N90	M05	
N100	M00	
N110	M03 S2000	设置精加工前准备参数
N120	T0101	
N130	G00 X52 Z5	刀具快速移动到循环起点
N140	G40 G00 X50 Z4	外轮廓加工
N150	G42 G00 X45.8 Z2	
N160	G01 Z0 F120	
N170	X43.81 Z−19	
N180	X50	
N190	G40 G00 X52	
N200	X100 ·	退刀至安全点,主轴停转,程序结束并返回
N210	Z100	
N220	M05	
N230	M30	

表 5-13 加工图 5-2 孔轴配合组合件的参考程序(八)

程序段号	程 序	程序说明
	O0008	车内孔
N10	%1	设置加工前准备参数
N20	G90	
N30	M03 S800	
N40	T0505	
N50	G00 X20 Z5	刀具快速移动到循环起点
N60	G71 U1 R0.5 P120 Q190 X−0.5 Z0.5 F100	外轮廓粗车循环
N70	G00 Z200	刀具退至安全点,主轴停转,程序暂停
N80	M05	
N90	M30	

续表

程序段号	程序	程序说明
N100	M03 S1200	设置精加工前准备参数
N110	T0505	
N120	G00 X20 Z5	刀具快速移动到循环起点
N130	G40 G00 X21 Z4	
N140	G41 G00 X29.99 Z2	
N150	G01 Z0 F100	
N160	X28 Z—19	内轮廓加工
N170	Z—40	
N180	X20	
N190	G40 G00 X19	
N200	G00 Z200	退刀至安全点,主轴停转,程序结束并返回
N210	M05	
N220	M30	

五、任务评价

根据技能实训情况,客观进行质量评价,评价表如表 5-14 所示。各项目配分分别为 10 分,按"好"计 100%,"较好"计 80%,"一般"计 60%,"差"计 40% 的比例计算得分。

表 5-14 孔轴配合零件操作练习任务评价表

序号	评价项目	熟练程度自评				熟练程度互评			
		好	较好	一般	差	好	较好	一般	差
1	能描述该配合件的配合类型								
2	能分析该配合件的配合公差								
3	能合理编排加工工艺								
4	能合理选用切削刀具								
5	能合理选用切削参数								
6	能正确编辑加工程序								
7	能正确操作机床并加工零件								
8	能正确控制零件主要尺寸精度								
9	能正确控制零件配合尺寸精度								
10	能掌握控制配合尺寸的方法								
评价小结									

六、知识拓展

进给路线是刀具在整个加工过程中的运动轨迹,即刀具从对刀点开始进给运动起,直到结束加工程序后退刀返回该点及所经过的路径,是编写程序的重要依据之一。合理地选择进给路线对于数控加工是很重要的,应考虑以下几个方面:

1. 尽量缩短进给路线,减少空走刀行程,提高生产效率

(1)巧用起刀点。如在循环加工中,根据工件的实际加工情况,将起刀点与对刀点分离,在确保安全和满足换刀需要的前提条件下,使起刀点尽量靠近工件,减少空走刀行程,缩短进给路线,节省在加工过程中的执行时间。

(2)在编制复杂轮廓的加工程序时,通过合理安排"回零"路线,使前一刀的终点与后一刀的起点间的距离尽量短,或者为零,以缩短进给路线,提高生产效率。

(3)粗加工或半精加工时,毛坯余量较大,应采用合适的循环加工方式,在兼顾被加工零件的刚性及加工工艺性等要求下,采取最短的切削进给路线,减少空行程时间,提高生产效率,降低刀具磨损。

2. 保证零件的精度和表面粗糙度

(1)合理选取起刀点、切入点和切入方式,保证切入过程平稳,没有冲击。为保证工件轮廓表面加工后的粗糙度要求,精加工时,最终轮廓应安排在最后一次走刀连续加工出来。认真考虑刀具的切入和切出路线,尽量减少在轮廓处停刀,以避免切削力突然变化造成弹性变形而留下刀痕。

(2)选择工件在加工后变形较小的路线。对细长零件或薄板零件,应采用分几次走刀加工到最后尺寸,或采取对称去余量法安排进给路线。在确定轴向移动尺寸时,应考虑刀具的引入长度和超越长度。

(3)对特殊零件采用"先精后粗"的加工工序。在某些特殊情况下,加工工序不按"先近后远""先粗后精"原则考虑,而做"先精后粗"的特殊处理,反而能更好地保证工件的尺寸公差要求。

3. 保证加工过程的安全性

避免刀具与非加工面的干涉,并避免刀具与工件相撞。如工件中遇槽需要加工,在编程时要注意进退刀点应与槽方向垂直,进刀速度不能用"G0"速度。"G0"指令在退刀时尽量避免 X 和 Z 同时移动使用。

思考与练习

1. 请简述公差与偏差的定义。
2. 请简述配合的定义。
3. 配合的种类有哪些? 各自有哪些特点?
4. 有哪两种基准制?

任务二　锥度配合件的加工

任务导入

在锥度配合中,圆锥表面的素线与轴线成一角度。因此,影响其配合不仅有直径的因素,还有角度因素。锥度配合的特点:对中性良好,而且拆装简便,配合的间隙或过盈可以调整,密封性和自锁性好,但结构相对孔轴配合而言较为复杂,其加工和检验也较为困难。

一、任务布置

本任务主要了解锥度配合与公差的相关理论知识,了解圆锥配合的种类,了解圆锥几何参数偏差对配合尺寸的影响,了解圆锥的公差、锥度检验方法等理论知识内容。同时还需要掌握锥度配合件的加工工艺制定、加工程序编制及加工精度检验技术。

【知识目标】

(1)了解圆锥公差及其基本参数。
(2)了解锥度配合的种类及特点。

【技能目标】

(1)会根据锥度配合安排相应的加工工艺。
(2)会控制锥度配合尺寸。
(3)会对锥度进行精度检验。

二、知识链接

(一)圆锥配合的特点

与圆柱配合相比较,圆锥配合具有如下特点:

(1)相配合的内、外两圆锥在轴向力的作用下,能自动对准中心,保证内、外圆锥体轴线具有较高的同轴度,且装拆方便。

(2)圆锥配合的间隙和过盈,可随内、外圆锥体的轴向相互位置不同而得到调整,而且能补偿零件的磨损,延长配合的使用寿命。

(3)圆锥的配合具有较好的自锁性和密封性。

圆锥配合虽然有以上优点,但它与圆柱体配合相比,影响互换性的参数比较复杂,加工和检验也较麻烦,故应用不如圆柱配合广泛。

(二)圆锥配合的基本参数

锥度与锥角的基本参数有圆锥表面、圆锥体、圆锥长度、圆锥角、圆锥直径和锥度,如图5-4所示。

(1)圆锥表面:由与轴线成一定角度,且一端相交于轴线的一条线段(母线),围绕着该轴线旋转形成的表面。

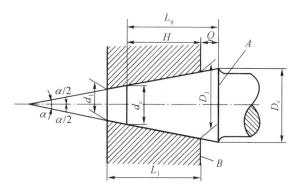

图 5-4　圆锥配合的基本参数

(2)圆锥体:由圆锥表面与一定尺寸所限定的几何体。

(3)圆锥长度 L:最大圆锥直径截面与最小圆锥直径截面之间的轴向距离。

(4)圆锥角 α:在通过圆锥轴线的截面内,圆锥表面形成的两条素线间的夹角。

(5)圆锥直径:指与圆锥轴线垂直截面内的直径。

(6)锥度 C:两个垂直圆锥轴线截面的圆锥直径 D 和 d 之差与其两截面间的轴向距离 L 之比。锥度一般用比数或分数表示,例如 $C=1:20$ 或 $C=1/20$。

(三)圆锥公差

1.圆锥公差项目

(1)圆锥直径公差 T_D。它是指圆锥直径的允许变动量,适用于圆锥全长上。圆锥直径公差带是在圆锥的轴剖面内,两锥极限圆锥所限定的区域,如图 5-5 所示。所谓极限圆锥是指与公称圆锥共轴且圆锥角相等,直径分别为上极限尺寸和下极限尺寸的两个圆锥($D_{\max}$、$D_{\min}$、$d_{\max}$、$d_{\min}$)。在垂直圆锥轴线的任一截面上,这两个圆锥的直径差都相等。

(2)圆锥角公差 AT。它是指圆锥角的允许变动量。圆锥角公差带是两个极限圆锥角所限定的区域,如图 5-6 所示。圆锥角公差 AT 共分 12 个公差等级,用 AT_1、$AT_2 \sim AT_{12}$ 表示,其中 AT_1 精度最高,其余依次降低。

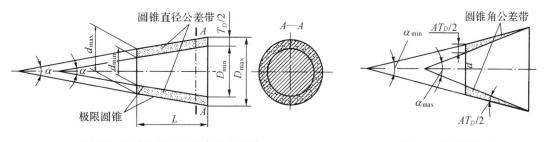

图 5-5　极限圆锥、圆锥直径公差带　　　　　图 5-6　极限圆锥角

圆锥角公差值按圆锥长度分尺寸段,其表示方法有以下两种,如表 5-15 和表 5-16 所示。

表 5-15　一般用途圆锥的锥度与锥角系列

基本值		推算值		应 用 举 例
系列 1	系列 2	锥角 α	锥度 C	
120°		—	—	1 : 0.288675	节气阀、汽车、拖拉机阀门
90°		—	—	1 : 0.500000	重型顶尖、重型中心孔、阀的阀销锥体
	75°	—	—	1 : 0.651613	埋头螺钉、小于 10 的螺锥
60°		—	—	1 : 0.866025	顶尖、中心孔、弹簧夹头、埋头钻
45°		—	—	1 : 1.207107	埋头、埋头铆钉
30°		—	—	1 : 1.866025	摩擦轴节、弹簧卡头、平衡块
1 : 3		18°55′28.7″	18.924 644°	—	受力方向垂直于轴线易拆开的联结
	1 : 4	14°15′0.1″	14.250 033°	—	
1 : 5		11°25′16.3″	11.421 186°	—	受力方向垂直于轴线的联结,锥形摩擦离合器、磨床主轴
	1 : 6	9°31′38.2″	9.527 283°	—	
	1 : 7	8°10′16.4″	8.171 234°	—	
	1 : 8	7°9′9.6″	7.152 669°	—	重型机床主轴
1 : 10		5°43′29.3″	5.724 810°	—	受轴向力和扭转力的联结处,主轴承受轴向力
	1 : 12	4°46′18.8″	4.771 888°	—	
	1 : 15	3°49′15.9″	3.818 305°	—	承受轴向力的机件,如机车十字头轴
1 : 20		2°51′51.1″	2.864 192°	—	机床主轴、刀具刀杆尾部、锥形绞刀、心轴
1 : 30		1°54′34.9″	1.909 683°	—	锥形绞刀、套式绞刀、扩孔钻的刀杆、主轴颈部
1 : 50		1°8′45.2″	1.145 877°	—	锥销、手柄端部、锥形绞刀、量具尾部
1 : 100		34′22.6″	0.572 953°	—	受其静变负载不拆开的连接件,如心轴等
1 : 200		17′11.3″	0.286 478°	—	导轨镶条,受震及冲击负载不拆开的连接件
1 : 500		6′52.5″	0.114 592°	—	

注:表格内容参照 GB/T 157—2001。

表 5-16　特殊用途圆锥的锥度与锥角系列

基本值	推算值			说 明
	锥角 α		锥度 C	
7 : 24	16°35′39.4″	16.594 290°	1 : 3.428 571	机床主轴,工具配合
1 : 19.002	3°0′52.4″	3.014 554°	—	莫氏锥度 No.5
1 : 19.180	2°59′11.7″	2.986 590°	—	莫氏锥度 No.6
1 : 19.212	2°58′53.8″	2.981 618°	—	莫氏锥度 No.0

基本值	推 算 值		说 明
	锥角 α	锥度 C	
1 : 19.254	2°58′30.4″	2.975 117°	—	莫氏锥度 No.4
1 : 19.922	2°52′31.5″	2.875 401°	—	莫氏锥度 No.3
1 : 20.020	2°51′40.8″	2.861 332°	—	莫氏锥度 No.2
1 : 20.047	2°51′26.9″	2.857 480°	—	莫氏锥度 No.1

注:摘自 GB/T 157—2001。

(3)给定截面圆锥直径公差 T_{DS}。给定截面圆锥直径是指在垂直于圆锥轴线的给定截面内圆锥直径的允许变动量,它仅适用于该给定截面的圆锥直径。其公差带是给定的截面内两同心圆所限定的区域,如图 5-7 所示。

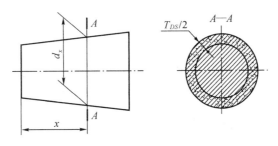

图 5-7 给定截面圆锥直径公差带

T_{DS} 公差带所限定的是平面区域,而 T_D 公差带所限定的是空间区域,两者是不同的。

(4)圆锥形状公差 T_F。包括素线直线度公差和横截面圆度公差,其数值从形位标准中选取。

2. 圆锥公差的给定方法

对于各具体的圆锥工件,并不都需要给定上述四项公差,而是根据工件使用要求来提出公差项目。

GB 11334—1989 中规定了两种圆锥公差的给定方法。

(1)给出圆锥的理论正确圆锥角 α(或锥度 C)和圆锥直径公差 T_D,由 T_D 确定两个极限圆锥。此时,圆锥角误差和圆锥的形状误差均应在极限圆锥所限定的区域内。图 5-8(a)为此种给定方法的标注示例,图 5-8(b)为其公差带。

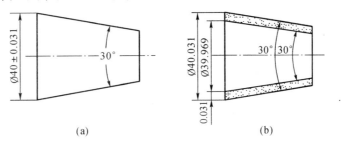

图 5-8 给定圆锥直径公差的标注方法

当对圆锥角公差、形状公差有更高要求时,可再给出圆锥角公差 AT、形状公差 TF。此时,A_T、T_F 仅占 T_D 的一部分。

此种给定公差的方法通常运用于有配合要求的内、外圆锥。

(2)给出给定截面圆锥直径公差 T_{DS} 和圆锥角公差 AT。此时,T_{DS} 和 AT 是独互的,应分别满足,如图 5-9 所示。

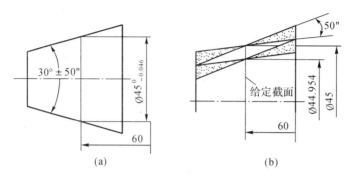

图 5-9　第二种公差给定方法的标注示例

3.圆锥公差的标注

圆锥公差除按上述两种给定方法标注外,制图标准还规定可以按面轮廓度标注。

按 GB/T 15754—1995《技术制图 圆锥的尺寸和公差注法》标准中的规定,若锥度和圆锥的形状公差都控制在直径公差带内,标注时应在圆锥直径的极限偏差后面加注圆圈的符号 T。

通常圆锥公差应按面轮廓度法标注,必要时还可以给出附加的形位公差要求,但只占面轮廓度公差的一部分,形位误差在面轮廓度公差带内浮动。

(四)圆锥配合的种类

1.间隙配合

这类配合具有间隙,而且在装配和使用过程中间隙大小可以调整。常用于有相对运动的机构中,如某些车床主轴的圆锥轴颈与圆锥滑动轴承衬套的配合。

2.过盈配合

这类配合具有过盈,它能借助于相互配合的圆锥面间的自锁,产生较大的摩擦力来传递转矩。例如钻头(或铰刀)的圆锥柄与机床主轴圆锥孔的配合、圆锥形摩擦离合器中的配合等。

3.过渡配合

这类配合很紧密,间隙为零或略小于零。主要用于定心或密封场合,如锥形旋塞、发动机中的气阀与阀座的配合等。通常要将内、外锥成对研磨,故这类配合一般没有互换性。

(五)圆锥配合的形成

1.结构型圆锥配合

由圆锥的结构形成的配合,称之为结构型配合。如图 5-10(a)所示为结构型配合的第一种示例,这种配合要求外圆锥的台阶面与内圆锥的端面相贴紧,配合的性质就可确定。图中所示是获得间隙配合的示例。图 5-10(b)是第二种由结构形成配合的示例,它要求装配后,内、外圆锥的基准面间的距离(基面距)为 a,则配合的性质就能确定。图中所示是获得过盈配合的示例。

由圆锥的结构形成的两种配合,选择不同的内、外圆锥直径公差带就可以获得间隙、过盈或过渡配合。

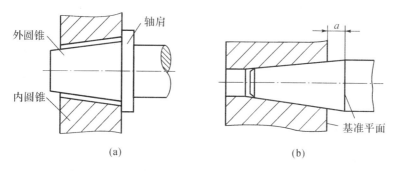

图 5-10　结构型圆锥配合

2.位移型圆锥配合

它也有两种方式,第一种如图 5-11(a)所示。内、外圆锥表面接触位置(不施加力)称为实际初始位置,从这位置开始让内、外圆锥相对做一定轴向位移(E_a),则可获得间隙或过盈两种配合,图示为间隙配合的例子。第二种则从实际初始位置开始,施加一定的装配力 F_s 而产生轴向位移。所以这种方式只能产生过盈配合。

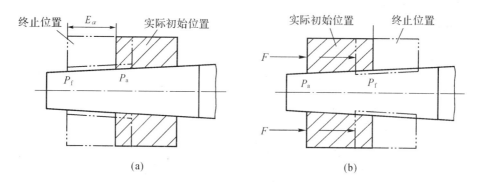

图 5-11　位移型圆锥配合

四、任务分析

(一)角度公差

在常见的机械结构中,常用到含角度的构件,如常见的燕尾槽、V 形架、楔块等。这些构件的主要几何参数是角度。角度的精度高低决定着其工作精度。故对角度这一几何参数也应提出公差要求。角度公差分两种,一种是角度注出公差,另一种是未注公差角度的极限偏差。

1.角度注出公差

角度注出公差值可以从圆锥角公差表中查取。查取时,以形成角度的两个边的短边长度值为表中的 L 值。

2.未注公差角度的极限偏差

国家对金属切削加工件的未注公差角度规定了极限偏差,即 GB 11335—1989《未注公差角度的极限偏差》,将未注公差角度的极限偏差分为 3 个等级,即中等级(以 m 表示)、粗糙级(以 c 表示)、最粗级(以 V 表示)。每个等级列有不同的极限偏差值,如表 5-17 所示。一般以角度的短边长度查取;用于圆锥时,以圆锥素线长度查取。

表 5-17　未注公差角度的极限偏差

公差等级	长度/mm				
	≤10	>10～50	>50～120	>120～400	>400
m(中等级)	±1°	±30′	±20′	±10′	±5′
c(粗糙级)	±1°30′	±1°	±30′	±15′	±10′
V(最粗级)	±3°	±2°	±1°	±30′	±20′

未注公差角度的公差等级在图样或技术文件上用标准号和公差等级表示,例如选用中等级时,表示为 GB 11335—m。

(二)角度和锥度的检验

1.角度量块

角度量块代表角度基准,其功能与尺寸量块相同。如图 5-12 所示为角度量块。角度量块有三角形和四边形两种。四边形量块的每个角均为量块的工作角,三角形量块只有一个工作角。角度量块也具有研合性,既可以单独使用,也可借助研合组成所需要的角度对被检角度进行检验。角度量块的工作范围为 10°～350°。

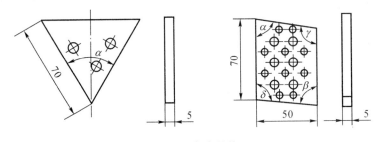

图 5-12　角度量块

2.90°角尺

90°角尺(又称直角尺)是另一种角度检验工具。其结构外形如图 5-13 所示。90°角尺可

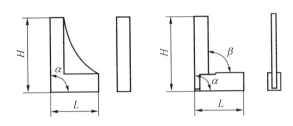

图 5-13　90°角尺

用于检验直角和画线。用 90°角尺检验,是靠角尺的边与被检直角的边相贴后透过的光隙量进行判断,属于比较法检验。若需要知道光隙的大小,可用标准光隙对比或塞尺进行测量。

3.圆锥量规

对圆锥体的检验,是检验圆锥角、圆锥直径、圆锥表面形状要求的合格性。检验外圆锥用的圆锥量规称为圆锥套规,检验内圆锥用的量规称为圆锥塞规,其外形如图 5-14(a)所示。在塞规的大端,有两条刻线,距离为 Z;在套规的小端,也有一个由端面和一条刻线所代表的距离 Z(有的用台阶表示),该距离值 Z 代表被检圆锥的直径公差 T_D 在轴向的量。

被检的圆锥件,若直径合格,其端面(外圆锥为小端,内圆锥为大端)应在距离为 Z 的两条刻线之间,如图 5-14(b)所示;然后在圆锥面上均匀地涂上 2~3 层极薄的涂层(红丹或蓝油),使被检圆锥与量规接触后转动 1/2~1/3 周,看涂层被擦掉的情况,来判断圆锥角误差与圆锥表面形状误差的合格与否。

若涂层被均匀地擦掉,表明锥角误差和表面形状误差都较小;反之,则表明存在误差。如用圆锥塞规检验内圆锥时,若塞规小端的涂层被擦掉,则表明被检内圆锥的锥角大了;若塞规的大端涂层被擦掉,则表明被检内圆锥的锥角小了。但这种方法不能测出具体的误差值。

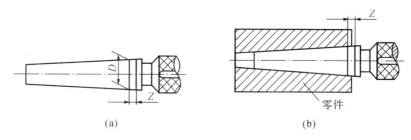

零件

(a)   (b)

图 5-14　圆锥量规

(二)角度和锥度的测量

1.万能游标角度尺

万能游标角度尺是机械加工中常用的度量角度的量具,它的结构如图 5-15 所示。它是由主尺、基尺、制动器、扇形板、直角尺、直尺和卡块等组成的。万能游标角度尺是根据游标读数原理制造的。读数值为 $2'$ 和 $5'$,其示值误差分别不大于 $\pm 2'$ 和 $\pm 5'$。以读数值为 $2'$ 为例:主尺朝中心方向均匀刻有 120 条刻线,每两条刻线的夹角为 $1°$,游标上,在 $29°$ 范围内朝中心方向均匀刻有 30 条刻线,则每条刻线的夹角为 $29°/30 \times 60' = 58'$。因此,尺座刻度与游标刻度的夹角之差为 $60' - 29°/30 \times 60' = 2'$,即游标角度尺的分度值为 $2'$。调整基尺、角尺、直尺的组合可测量 $0 \sim 320°$ 范围内的任意角度。

2.正弦规

正弦规是锥度测量中常用的计量器具,测量精度可达 $\pm 3' \sim \pm 1'$,但适宜测量小于 $40°$ 的角度。

用正弦规测量外圆锥的锥度如图 5-16 所示。在正弦规的一个圆柱下面垫上高度为 h 的一组量块,已知两圆柱的中心距为 L,正弦规工作面和平板的夹角为 α,则 $h = L\sin\alpha$。

用百分表测量圆锥面上相距为 l 的 a、b 两点,由 a、b 两点的读数之差 n 和 a、b 两点的距离 l 之比,即可求出锥度误差 ΔC,即:

$$\Delta C = \frac{n}{l} \text{（rad）或} \Delta\alpha = \tan^{-}\frac{n}{l}$$

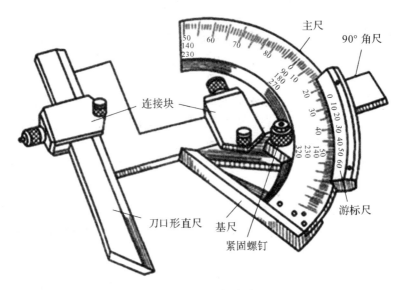

图 5-15　万能游标角度尺

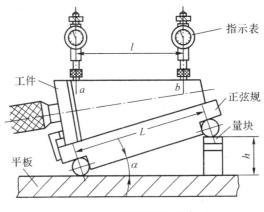

图 5-16　正弦规测量锥角

四、技能实训

1.零件图纸

用数控车床完成如图 5-17 所示零件的加工。此零件为配合件,件 1 与件 2 相配,使用 1 段毛坯材料,零件材料为 45 钢,毛坯尺寸为 $\varnothing 65\text{mm} \times 120\text{mm}$,其中件 1 和件 2 共同使用 1 段毛坯,需要进行切断。在件 1、件 2 中各包含一个 11° 的锥度和 R5 的圆弧,最终通过锥面以及圆弧面的配合,达到配合要求,并用涂色法检查,要求锥体接触面积不小于 50%。

2.零件成品

如图 5-18 所示就是该锥度配合组合件的成品。

3.零件评分表

根据技能实训情况,客观进行质量评价,评分表如表 5-18 所示。

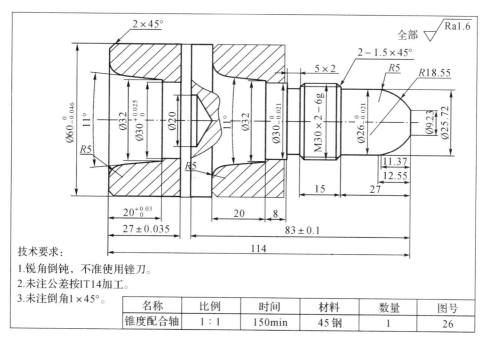

图 5-17 锥度配合组合件

图 5-18 锥面配合组合件成品

表 5-18 零件评分表

工件编号(姓名)				总得分			
项目与配分		序号	技术要求	配分	评分标准	检测结果	得分
工件加工质量(60分)	外轮廓	1	$\varnothing 60^{0}_{-0.046}$	6	超差 0.01 扣一半,超差 0.02 以上全扣		
		2	$\varnothing 30^{0}_{-0.021}$	6	超差 0.01 扣一半,超差 0.02 以上全扣		
		3	$\varnothing 26^{0}_{-0.021}$	6	超差 0.01 扣一半,超差 0.02 以上全扣		
		4	M30×2-6g	6	通规通,止规止		
		5	11°	1			
		6	83±0.1	6	超差 0.01 扣一半,超差 0.02 以上全扣		

续表

工件编号(姓名)					总得分		
项目与配分		序号	技术要求	配分	评分标准	检测结果	得分
工件加工质量(60分)	外轮廓	7	5×2	1			
		8	$R5$、$R18.55$	2			
		9	$2-1.5×45°$	2			
		10	表面粗糙度	3			
	内轮廓	11	$\varnothing 30^{+0.025}_{0}$	6	超差0.01扣一半，超差0.02以上全扣		
		12	$20^{+0.03}_{0}$	5	超差0.01扣一半，超差0.02以上全扣		
		13	$27±0.035$	5	超差0.01扣一半，超差0.02以上全扣		
		14	$11°$	1			
		15	$R5$	1			
		16	倒角	1			
		17	表面粗糙度	2			
程序与工艺(15分)		18	程序正确、合理等	5	出错一次扣1分		
		19	切削用量选择合理	5	出错一次扣1分		
		20	加工工艺制定合理	5	出错一次扣1分		
机床操作(15分)		21	机床操作规范	7	出错一次扣1分		
		22	刀具、工件装夹	8	出错一次扣1分		
其他(10分)		23	工件无缺陷	5	缺陷一处扣1分		
		24	按时完成	5	超1分钟扣1分，超出5分钟停止操作		
安全文明生产(倒扣分)		25	安全操作机床	倒扣	出事故停止操作或酌情扣5～10分		
		26	工量具摆放	倒扣	不符规范酌情扣5～10分		
		27	机床整理	倒扣			

4.准备通知单

(1)材料准备。

工件为材料为45钢,毛坯尺寸为$\varnothing 65mm×120mm$。

(2)刀具、工具、量具准备单如表5-19所示。

表 5-19　刀具、工具、量具准备单

分类	名称	规格	数量	备注
刀具	外圆粗、精车车刀	93°	1	
	端面车刀	45°	1	
	外圆车槽车刀	刀宽 3 mm	1	
	外圆螺纹车刀	60°	1	
	内孔车刀	∅12mm	1	
	钻头	∅25mm	1	
	中心钻	A3	1	
工具	回转顶尖	60°	1	
	固定顶尖	60°	1	
	锉刀		1 套	
	铜片		若干	
	夹紧工具		1 套	
	刷子		1 把	
	油壶		1 把	
	清洗油		若干	
量具	外径千分尺	0～25 mm	1	
	外径千分尺	25～50 mm	1	
	外径千分尺	50～75 mm	1	
	内径量表	18～35mm	1	
	带表游标卡尺	0～150mm	1	
	螺纹环规	M30×1.5	1 套	
其他	垫刀片		适量	
	草稿纸		适量	
	计算器			自备
	工作服			自备
	护目镜			自备

5.加工工艺卡片

在制定零件加工工艺的过程中,要注意尽可能地选择合理的工序安排,使之能够尽可能地减少装刀、换刀的次数,从而达到提高加工效率的目的。以表 5-20 为例:

表 5-20　加工工序卡

序号	加工内容	刀具	转速/r·min⁻¹		进给速度/mm·min⁻¹	背吃刀量/mm		操作方法	程序号
装夹工件伸出 70mm									
1	车左端面	T0404	1000		80	0.5		手动	
2	车直径 60 外圆	T0101	粗	1000	120	粗	2	自动	O0001
			精	2000		精	0.5		
3	钻孔		500		30			手动	
4	车内孔	T0505	粗	700	100	粗	1	自动	O0002
			精	1200		精	0.5		
装夹 ⌀60mm 外圆,平端面控制总长									
5	车右端面	T0404	1000		80	0.5		手动	
6	车剩余各档外圆	T0101	粗	1000	120	粗	2	自动	O0003
			精	2000		精	0.5		
7	切槽(刀宽 3mm)	T0202	600		40			自动	O0004
8	车螺纹	T0303	800					自动	O0005
9	切断	T0202	600					手动	

6.参考程序

加工图 5-17 锥度配合组合件参考程度如表 5-21～表 5-25 所示。

表 5-21　加工图 5-17 锥度配合组合件参考程序(一)

程序段号	程　　序	程序说明
	O0001	车直径 60 外圆
N10	%0001	设置加工前准备参数
N20	G90	
N30	M03 S1000	
N40	T0101	
N50	G00 X67 Z5	刀具快速移动到循环起点
N60	G71 U2 R5 X0.5 Z0.1 P140 Q200 F120	外轮廓粗车循环
N70	G00 X100	刀具退至安全点,主轴停转,程序暂停
N80	Z100	
N90	M05	
N100	M00	
N110	M03 S2000	设置精加工前准备参数
N120	T0101	

程序段号	程 序	程序说明
N130	G00 X67 Z5	刀具快速移动到循环起点
N140	G40 G00 X63 Z4	外轮廓加工
N150	G42 G00 X56 Z3	
N160	G01 Z0 F120	
N170	X60 Z−2	
N180	Z−50	
N190	X65	
N200	G40 G00 X67	
N210	G00 X100	退刀至安全点,主轴停转,程序结束并返回
N220	Z100	
N230	M05	
N240	M30	

表 5-22 加工图 5-17 锥度配合组合件参考程序(二)

程序段号	程 序	程序说明
	O0002	内孔加工程序
N10	％0002	设置加工前准备参数
N20	G90	
N30	M03 S700	
N40	T0505	
N50	G00 X20 Z5	刀具快速移动到加工起点
N60	G71 U1 R0.5 P130 Q210 X−0.5 Z0.1 F100	内孔粗加工循环
N70	G00 Z200	刀具退至安全点,主轴停转,程序暂停
N80	M05	
N90	M00	
N100	M03 S1200	设置精加工前准备参数
N110	T0505	
N120	G00 X20 Z5	刀具快速移动到加工起点
N130	G40 G00 X22 Z4	内孔加工
N140	G41 G00 X44.17 Z3	
N150	G01 Z0 F100	
N160	G02 X35.16 Z−4.5 R5	
N170	G01 X32 Z−20	

续表

程序段号	程 序	程序说明
N180	X30	
N190	Z—28	内孔加工
N200	X20	
N210	G40 G00 X19	
N220	G00 Z200	
N230	M05	退刀至安全点,主轴停转,程序结束并返回
N240	M30	

表 5-23 加工图 5-17 锥度配合组合件参考程序(三)

程序段号	程 序	程序说明
	O0003	右端外圆加工
N10	%0003	
N20	G90	设置加工前准备参数
N30	M03 S1000	
N40	T0101	
N50	G00 X67 Z5	刀具快速移动到循环起点
N60	G71 U2 R5 X0.5 Z0.1 P140 Q280 F120	外轮廓粗车循环
N70	G00 X100	
N80	Z100	刀具退至安全点,主轴停转,程序暂停
N90	M05	
N100	M00	
N110	M03 S2000	设置精加工前准备参数
N120	T0101	
N130	G00 X67 Z5	刀具快速移动到循环起点
N140	G40 G00 X63 Z4	
N150	G42 G00 X9.23 Z3	
N160	G01 Z0 F120	
N170	G03 X25.72 Z—11.37 R18.55	
N180	X26 Z—12.55 R5	外轮廓加工
N190	G01 Z—27	
N200	X30 C1.5	
N210	Z—55	
N220	X32 C0.5	

程序段号	程　　序	程序说明
N230	X35.16 Z−70.5	
N240	G02 X44.17 Z−75 R5	
N250	G01 X60 C0.5	外轮廓加工
N260	Z−75.5	
N270	X65	
N280	G40 G00 X67	
N290	G00 X100	
N300	Z100	退刀至安全点，主轴停转，程序结束并返回
N310	M05	
N320	M30	

表 5-24　加工图 5-17 锥度配合组合件参考程序（四）

程序段号	程　　序	程序说明
	O0004	槽加工程序
N10	%0004	
N20	G90	设置加工前准备参数
N30	M03 S700	
N40	T0202	
N50	G00 X35 Z5	刀具快速移动到循环起点
N60	Z−47	
N70	G01 X26 F40	
N80	X32	
N90	Z−45	
N100	X26	
N110	X32	
N120	Z−43.5	槽加工
N130	X30	
N140	X27 Z−45	
N150	X26	
N160	Z−40	
N170	X32	

续表

程序段号	程序	程序说明
N180	G00 X100	退刀至安全点,主轴停转,程序结束并返回
N190	Z100	
N200	M05	
N210	M30	

表 5-25　加工图 5-17 锥度配合组合件参考程序(五)

程序段号	程序	程序说明
	O0005	螺纹加工程序
N10	％0005	设置加工前准备参数
N20	G90	
N30	M03 S800	
N40	T0303	
N50	G00 X40 Z5	刀具快速移动到循环起点
N60	G76 C1 A60 K1.1 X27.4 Z−43 U0.1 V0.1 Q0.3 F2	螺纹循环
N70	G00 X100	退刀至安全点,主轴停转,程序结束并返回
N80	Z100	
N90	M05	
N100	M30	

五、任务评价

根据技能实训情况,客观进行质量评价,评价表如表 5-26 所示。各项目配分分别为 10 分,按"好"计 100％,"较好"计 80％,"一般"计 60％,"差"计 40％的比例计算得分。

表 5-26　锥度配合零件操作练习任务评价

序号	评价项目	熟练程度自评				熟练程度互评			
		好	较好	一般	差	好	较好	一般	差
1	能描述该配合件的配合类型								
2	能分析该配合件的配合公差								
3	能合理编排加工工艺								
4	能合理选用切削刀具								
5	能合理选用切削参数								
6	能正确编辑加工程序								
7	能正确操作机床并加工零件								

序号	评价项目	熟练程度自评				熟练程度互评			
		好	较好	一般	差	好	较好	一般	差
8	能正确控制零件主要尺寸精度								
9	能正确控制零件配合尺寸精度								
10	能掌握控制配合尺寸的方法								
评价小结									

六、知识拓展

(一)准确掌握各种循环切削指令

在 FANUCOi-TD 数控系统中,数控车床有十多种切削循环加工指令,每一种指令都有各自的加工特点,工件加工后的加工精度也有所不同,各自的编程方法也不同。我们在选择的时候要仔细分析,合理选用,争取加工出精度高的零件。如螺纹切削循环加工就有两种加工指令:G92 直进式切削和 G76 斜进式切削。由于切削刀具进刀方式的不同,使这两种加工方法有所区别,各自的编程方法也不同,造成加工误差也不同,工件加工后螺纹段的加工精度也有所不同。G92 螺纹切削循环采用直进式进刀方式进行螺纹切削。螺纹中径误差较大。但牙型精度较高,一般多用于小螺距高精度螺纹的加工。加工程序较长,在加工中要经常测量。G76 螺纹切削循环采用斜进式进刀方式进行螺纹切削,牙型精度较差,但工艺性比较合理,编程效率较高。此加工方法一般适用于大螺距低精度螺纹的加工。在螺纹精度要求不高的情况下,此加工方法更为简捷方便。所以,我们要掌握各自的加工特点及适用范围,并根据工件的加工特点与工件要求的精度正确灵活地选用这些切削循环指令。比如需加工高精度、大螺距的螺纹,则可采用 G92、G76 混用的办法,即先用 G76 进行螺纹粗加工,再用 G92 进行精加工。需要注意的是粗精加工时的起刀点要相同,以防止螺纹乱牙的产生。

(二)灵活使用特殊 G 代码

1.返回参考点 G28、G29 指令

参考点是机床上的一个固定点,通过参考点返回功能刀具可以容易地移动到该位置。参考点主要用作自动换刀或设定坐标系,刀具能否准确地返回参考点,是衡量其重复定位精度的重要指标,也是数控加工保证其尺寸一致性的前提条件。实际加工中,巧妙利用返回参考点指令,可以提高产品的精度。对于重复定位精度很高的机床,为了保证主要尺寸的加工精度,在加工主要尺寸之前,刀具可先返回参考点再重新运行到加工位置。如此做法的目的实际上是重新校核一下基准,以确定加工的尺寸精度。

2.延时 G04 指令

延时 G04 指令,其作用是人为地暂时限制运行的加工程序,除了常见的一般使用情况外,在实际数控加工中,延时 G04 指令还可以做一些特殊使用:

(1)大批量单件加工时间较短的零件加工中,启动按钮频繁使用,为减轻操作者由于疲劳或频繁按钮带来的误动作,用 G04 指令代替首件后零件的启动。延时时间按完成一件零

件的装卸时间设定,在操作人员熟练地掌握数控加工程序后,延时的指令时间可以逐渐缩短,但需保证其一定的安全时间。零件加工程序设计成循环子程序,G04 指令就设计在调用该循环子程序的主程序中,必要时设计选择计划停止 M01 指令作为程序的结束或检查。

(2)用丝锥攻中心螺纹时,需用弹性筒夹头攻牙,以保证丝锥攻至螺纹底部时不会崩断,并在螺纹底部设置 G04 延时指令,使丝锥做非进给切削加工,延时的时间需确保主轴完全停止,主轴完全停止后按原正转速度反转,丝锥按原导程后退。

(3)在主轴转速有较大的变化时,可设置 G04 指令。目的是使主轴转速稳定后,再进行零件的切削加工,以提高零件的表面质量。

3. 相对编程 G91 与绝对编程 G90 指令

相对编程是以刀尖所在位置为坐标原点,刀尖以相对于坐标原点进行位移来编程。就是说,相对编程的坐标原点经常在变换,运行是以现刀尖点为基准控制位移,那么连续位移时,必然产生累积误差。绝对编程在加工的全过程中,均有相对统一的基准点,即坐标原点,所以其累积误差较相对编程小。数控车削加工时,工件径向尺寸的精度比轴向尺寸高,所以在编制程序时,径向尺寸最好采用绝对编程,考虑到加工时的方便,轴向尺寸采用相对编程,但对于重要的轴向尺寸,也可以采用绝对编程。另外,为保证零件的某些相对位置,按照工艺的要求,进行相对编程和绝对编程的灵活使用。

思考与练习

1. 圆锥配合的特点有哪些?
2. 圆锥公差包括哪几个方面?
3. 圆锥配合的种类有哪些? 各自有何特点?
4. 锥度的测量通常有哪些方法?
5. 简述万能游标角度尺的测量范围和使用方法。
6. 简述正弦规的使用方法。

任务三 螺纹配合件的加工

任务导入

螺纹配合是最为常见的一种配合方式,广泛应用于紧固件连接、运动件传动、密封件配合等场合,具有结构简单、连接可靠、加工方便等特点。

一、任务布置

本任务主要了解螺纹配合与公差的相关理论知识,了解普通螺纹的基本几何参数,了解螺纹几何参数误差对配合所造成的影响,了解螺纹公差等级,学会查阅螺纹公差表。同时还需要掌握螺纹配合件的加工工艺制定、加工程序编制及加工精度检验技术。

【知识目标】

(1)了解普通螺纹的基本几何参数。

(2)了解螺纹的公差与配合。

【技能目标】

(1)会根据螺纹配合安排相应的加工工艺。

(2)会控制螺纹配合尺寸。

(3)会对螺纹进行精度检测。

二、知识链接

(一)螺纹的分类

螺纹的种类繁多,按螺纹结合性质和使用要求可分为以下三类:

1.连接螺纹

连接螺纹又称紧固螺纹。其作用是使零件相互连接或紧固成一体,并可拆卸。如螺栓与螺母连接,螺钉与机体连接、与管道连接。这类螺纹多用三角形牙型。对这类螺纹的要求主要是可旋合性和连接可靠性。旋合性是指相同规格的螺纹易于旋入或拧出,以便装配或拆卸。连接可靠性是指有足够的连接强度,接触均匀,螺纹不易松脱。

2.传动螺纹

传动螺纹用于传递运动、动力和位移。对它的使用要求是传递动力的可靠性,传动比要稳定,有一定的保证间隙,以便传动和储存润滑油。传动螺纹的牙型常用梯形、锯齿形、矩形和三角形。

3.密封螺纹

用于密封的螺纹连接,如管螺纹的连接,要求结合紧密,不漏水、不漏气、不漏油。对这类螺纹结合的要求主要是具有良好的旋合性和密封性。

(二)普通螺纹的主要几何参数

1.普通螺纹的基本牙型

按 GB/T 192—2003 规定,普通螺纹的基本牙型如图 5-19 所示。基本牙型定义在轴向剖面上,是指削去原始正三角形的顶部和底部所形成的内、外螺纹共有的理论牙型。它是确定螺纹设计牙型的基础,内、外螺纹的大径、中径、小径的基本尺寸都在基本牙型上定义。

2.普通螺纹的主要几何参数

(1)原始三角形高度 H:由原始三角形顶点沿垂直于螺纹轴线方向到其底边的距离,如图 5-19 所示。H 与螺距 P 的几何关系为

$$H = \frac{\sqrt{3}}{2} P$$

(2)大径 $D(d)$:螺纹的大径是指与外螺纹的牙顶(或内螺纹的牙底)相切的假想圆柱的直径。内、外螺纹的大径分别用 D、d 表示,如图 5-19 所示。外螺纹的大径又称为外螺纹的顶径。螺纹大径的基本尺寸为螺纹的公称直径。

(3)小径 $D_1(d_1)$:螺纹的小径是指与外螺纹的牙底(或内螺纹的牙顶)相切的假想圆柱的直径。内、外螺纹的小径分别用 D_1 和 d_1 表示。内螺纹的小径又称为内螺纹的顶径。

(4)中径 $D_2(d_2)$:螺纹牙型的沟槽和凸起宽度相等处假想圆柱的直径称为螺纹中径。

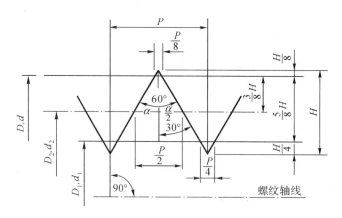

图 5-19 普通螺纹基本牙型

内、外螺纹中径分别用 D_2 和 d_2 表示。

（5）螺距 P：在螺纹中径线（中径所在圆柱面的母线）上，相邻两牙对应两点间轴向距离称为螺距，用 P 表示，如图 5-19 所示。螺距有粗牙和细牙两种。国家标准规定了普通螺纹公称直径与螺距系列，如表 5-27 所示。

表 5-27 直径与螺距标准组合系列　　　　　　　　　　单位：mm

公称直径 D、d			螺　距 P					
			粗牙	细牙				
第一系列	第二系列	第三系列		2	1.5	1.25	1	0.75
10			1.5			1.25	1	0.75
		11	1.5				1	0.75
12			1.75		1.5	1.25	1	
	14		2		1.5	1.25	1	
		15			1.5		1	
16			2		1.5		1	
		17			1.5		1	
	18		2.5	2	1.5		1	
20			2.5	2	1.5		1	
	22		2.5	2	1.5		1	
24			3	2	1.5		1	
	25			2	1.5		1	
		26		2	1.5			
	27		3	2	1.5		1	
		28		2	1.5		1	

注：摘自 GB/T 193—2003。

螺距与导程不同,导程是指同一条螺旋线在中径线上相邻两牙对应点之间的轴向距离,用 L 表示。对单线螺纹,导程 L 和螺距 P 相等。对多线螺纹,导程 L 等于螺距 P 与螺纹线数 n 的乘积,即 $L=nP$。

(6)单一中径:一个假想圆柱直径,该圆柱母线通过牙型上的沟槽宽度等于 1/2 基本螺距的地方,如图 5-20 所示。

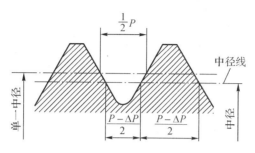

图 5-20　螺纹单一中径

(7)牙型角 α 和牙型半角 $\alpha/2$:牙型角是指在螺纹牙型上相邻两个牙侧面的夹角,如图 5-19 所示。普通螺纹的牙型角为 60°。牙型半角是指在螺纹牙型上,某一牙侧与螺纹轴线的垂线间的夹角,如图 5-19 所示。普通螺纹的牙型半角为 30°。

相互旋合的内、外螺纹,它们的基本参数相同。

已知螺纹的公称直径(大径)和螺距,用下列公式可计算出螺纹的小径和中径。

$$D_2(d_2)=D(d)-2\times\frac{3}{8}H=D(d)-0.6495P$$

$$D_1(d_1)=D(d)-2\times\frac{5}{8}H=D(d)-1.0825P$$

如有资料,则不必计算,可直接查阅螺纹表格。

(8)螺纹的旋合长度:螺纹的旋合长度是指两个相互旋合的内、外螺纹沿螺纹轴线方向相互旋合部分的长度,如图 5-21 所示。

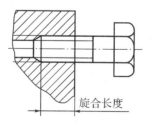

图 5-21　螺纹旋合长度

(三)普通螺纹的几何参数误差对旋合性的影响

螺纹几何参数较多,加工过程中都会产生误差。而这些误差都将不同程度地影响螺纹的互换性。其中,螺距误差、牙型半角误差和中径误差是影响旋合性的主要因素。

1.螺距误差对螺纹旋合性的影响

普通螺纹的螺距误差有两种,一种是单个螺距误差,另一种是螺距累积误差。单个螺距误差是指单个螺距的实际值与理论值之差,与旋合长度无关,用 ΔP 表示。螺距累积误差是指在指定的螺纹长度内,包含若干个螺距的任意两牙,在中径线上对应的两点之间的实际轴向距离与其理论值(两牙间所有理论螺距之和)之差,与旋合长度有关,用 ΔP_Σ 表示,如图 5-22 所示。影响螺纹旋合性的主要是螺距累积误差。

假设内螺纹无螺距误差,也无牙型半角误差,并假设外螺纹无半角误差但存在螺距累积误差,内、外螺纹旋合时,就会发生干涉(图 5-22 中阴影部分),且随着旋进牙数的增加,干涉量会增加,最后无法再旋合,从而影响螺纹的旋合性。

螺距误差主要是由加工机床运动链的传动误差引起的。若用成型刀具,如板牙、丝锥加工,则刀具本身的螺距误差会直接造成工件的螺距误差。

螺距累积误差 ΔP_Σ 虽是螺纹牙侧在轴线方向的位置误差,但从影响旋合性来看,它和螺纹牙侧在径向的位置误差(外螺纹中径增大)的结果是相当的。可见螺距误差是与中径相关的,即可把轴向的 ΔP_Σ 转换成径向的中径误差。

为了使有螺距累积误差的外螺纹仍能与具有基本牙型的内螺纹自由旋合,必须将外螺纹中径减小一个 f_p 值(或将内螺纹中径加大一个 f_p 值),f_p 值称为螺距误差的中径当量。

图 5-22 中,由 $\triangle ABC$ 得

$$f_p = |\Delta P_\Sigma| \cot \frac{\alpha}{2}$$

当公制螺纹 $\alpha/2 = 30°$ 时,则

$$f_p = 1.732 |\Delta P_\Sigma|$$

同理,当内螺纹有螺距误差时,为了保证内、外螺纹自由旋合,应将内螺纹的中径加大一个 f_p 值(或将外螺纹中径减小一个 f_p 值)。

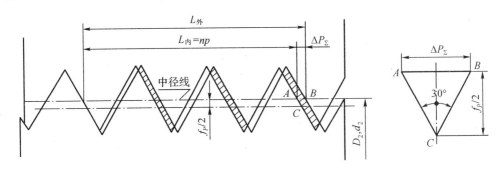

图 5-22　螺距累积误差对旋合性的影响

2. 牙型半角误差对旋合性的影响

螺纹牙型半角误差是指实际牙型半角与理论牙型半角之差,即 $\Delta \frac{\alpha}{2} = \frac{\alpha'}{2} - \frac{\alpha}{2}$。螺纹牙型上半角误差有两种,一种是螺纹的左、右牙型半角不对称,即 $\Delta \frac{\alpha}{2}_{(左)} \neq \Delta \frac{\alpha}{2}_{(右)}$,如图 5-23 所示。车削螺纹时,若车刀未装正,便会造成这种结果。另一种是左、右牙型半角相等,但不等于 $30°$。这是由于加工螺纹的刀具角度不等于 $60°$ 所致。不论是哪一种牙型半角误差,都会影响螺纹的旋合性。

$$\frac{\alpha}{2}_{(左)} \neq \frac{\alpha}{2}_{(右)} \qquad\qquad \alpha\,实际\neq 60°$$

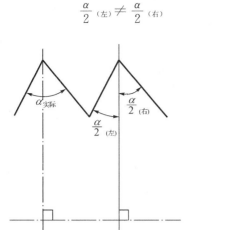
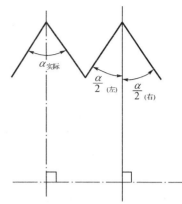

图 5-23　螺纹的牙型半角误差

假设内螺纹具有理想的牙型,且外螺纹无螺距误差,而外螺纹的左半角误差 $\Delta\frac{\alpha}{2}_{(左)}<0$,右半角误差 $\Delta\frac{\alpha}{2}_{(右)}>0$。由图 5-24 可知,由于外螺纹存在半角误差,当它与具有理想牙型内螺纹旋合时,将分别在牙的上半部 $3H/8$ 处和下半部 $H/4$ 处发生干涉(图 5-24 中阴影),从而影响内、外螺纹的旋合性。为了让一个有半角误差的外螺纹仍能与内螺纹自由旋合,必须将外螺纹的中径减小 $f_{\frac{\alpha}{2}}$,该减小量称为半角误差的中径当量。由图中的几何关系,可以推导出在一定的半角误差情况下,外螺纹牙型半角误差的中径当量 $f_{\frac{\alpha}{2}}$ 为

$$f_{\frac{\alpha}{2}} = 0.073P(k_1 \mid \Delta\frac{\alpha}{2}_{(左)} \mid + k_2 \mid \Delta\frac{\alpha}{2}_{(右)} \mid)$$

式中:P——螺距;

k_1、k_2——修正系数。

k 的取值:当 $\Delta\frac{\alpha}{2}>0$ 时,$k=2$;当 $\Delta\frac{\alpha}{2}<0$ 时,$k=3$。

当外螺纹具有理想牙型,而内螺纹存在半角误差时,就需要将内螺纹的中径加大一个 $f_{\frac{\alpha}{2}}$ 量,如图 5-24 所示。

在国家标准中没有规定普通螺纹的牙型半角公差,而是折算成中径公差的一部分,通过检验中径来控制牙型半角误差。

3.中径误差对螺纹互换性的影响

由于螺纹在牙侧面接触,因此中径的大小直接影响牙侧相对轴线的径向位置。外螺纹中径大于内螺纹中径,影响旋合性;外螺纹中径过小,影响连接强度。因此必须对内、外螺纹中径误差加以控制。

综上所述,螺纹的螺距误差、牙型半角误差和中径误差都影响螺纹互换性。螺距误差、牙型半角误差可以用中径当量 f_p、$f_{\frac{\alpha}{2}}$ 来表示。

4.保证普通螺纹互换性的条件

(1)普通螺纹作用中径的概念。螺纹牙型的沟槽和凸起宽度相等处假想圆柱的直径称

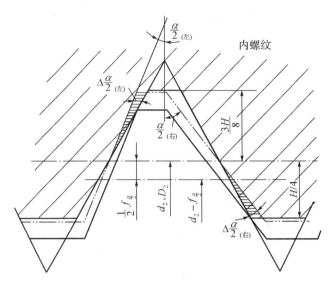

图 5-24　牙型半角误差对螺纹旋合性的影响

为中径(D_2、d_2)。螺纹的牙槽宽度等于螺距一半处假想圆柱的直径称为单一中径($D_{2单一}$、$d_{2单一}$)。对于没有螺距误差的理想螺纹,其单一中径与中径数值一致。对于有螺距误差的实际螺纹,其中径和单一中径数值是不一致的。

内、外螺纹旋合时实际起作用的中径称为作用中径($D_{2作用}$、$d_{2作用}$)。

当外螺纹存在牙型半角误差时,为了保证其可旋合性,须将外螺纹的中径减小一个中径当量 $f_{\frac{\alpha}{2}}$,即相当于在旋合中外螺纹真正起作用的中径比理论中径增大了一个 $f_{\frac{\alpha}{2}}$。同理,当该外螺纹又存在螺距累积误差时,其真正起作用的中径又比原来增大了一个 f_p 值。因此,对于实际外螺纹而言,其作用中径为

$$d_{2作用} = d_{2单一} + (f_p + f_{\frac{\alpha}{2}})$$

对于内螺纹而言,当存在牙型半角误差和螺距累积差时,相当于在旋合中起作用的中径值减小了,即内螺纹的作用中径为

$$D_{2作用} = D_{2单一} - (f_p + f_{\frac{\alpha}{2}})$$

显然,为使外螺纹与内螺纹能自由旋合,应保证 $D_{2作用} \geqslant d_{2作用}$。

(2)保证普通螺纹互换性的条件。作用中径将中径误差、螺距误差和牙型半角误差三者联系在了一起,它是影响螺纹互换性的主要因素,必须加以控制。螺纹连接中,若内螺纹单一中径过大,外螺纹单一中径过小,内、外螺纹虽可旋合,但间隙过大,影响连接强度。因此,对单一中径也应控制。控制作用中径以保证旋合性,控制单一中径以保证连接强度。

保证普通螺纹互换性的条件,遵循泰勒原则:

对于外螺纹:作用中径不大于中径最大极限尺寸;任意位置的实际中径不小于中径最小极限尺寸。即

$$d_{2作用} \leqslant d_{2max} \quad d_{2a} \geqslant d_{2min}$$

对于内螺纹:作用中径不小于中径最小极限尺寸;任意位置的实际中径不大于中径最大极限尺寸。即

$$D_{2作用} \geqslant D_{2min} \quad D_{2a} \leqslant D_{2min}$$

（四）普通螺纹的公差带

普通螺纹的公差带由基本偏差决定其位置，由公差等级决定其大小。

1. 公差带的形状和位置

螺纹公差带以基本牙型为零线，沿着螺纹牙型的牙侧、牙顶和牙底布置，在垂直于螺纹轴线的方向上计量。普通螺纹规定了中径和顶径的公差带，对外螺纹的小径规定了最大极限尺寸，对内螺纹的大径规定了最小极限尺寸，如图 5-25 所示。图中 ES、EI 分别是内螺纹的上、下偏差，es、ei 分别是外螺纹的上、下偏差，T_{D_2}、T_{d_2} 分别为内、外螺纹的中径公差。内螺纹的公差带位于零线上方，小径 D_1 和中径 D_2 的基本偏差相同，为下偏差 EI。外螺纹的公差带位于零线下方，大径 d 和中径 d_2 的基本偏差相同，为上偏差 es。

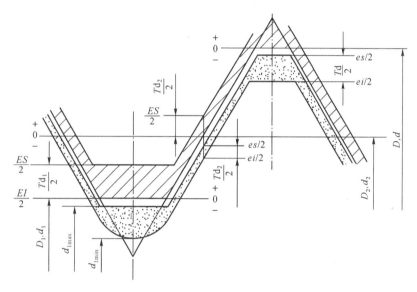

图 5-25　普通螺纹的公差带

国家标准 GB/T 197—2003 对内、外螺纹规定了基本偏差，用以确定内、外螺纹公差带相对于基本牙型的位置。对外螺纹规定了四种基本偏差，其代号分别为 h、g、f、e。对内螺纹规定了两种基本偏差，其代号分别为 H、G。

2. 公差带的大小和公差等级

普通螺纹公差带的大小由公差等级决定。内、外螺纹中径、顶径公差等级如表 5-28 所示，其中 6 级为基本级。各公差值如表 5-29、表 5-30 所示。由于内螺纹加工困难，在公差等级和螺距值都一样的情况下，内螺纹的公差值比外螺纹的公差值大约大 32%。

表 5-28　螺纹公差等级

螺纹直径		公差等级
内螺纹	中径 D_2	4、5、6、7、8
	顶径（小径）D_1	
外螺纹	中径 d_2	3、4、5、6、7、8、9
	顶径（小径）d_1	4、6、8

表 5-29　内、外螺纹中径公差　　　　　　　　　　　　　　　　　　　单位：μm

公称直径 D/mm		螺距	内螺纹中径公差 T_{D_2}				外螺纹中径公差 T_{d_2}			
			公差等级							
>	≤	P/mm	5	6	7	8	5	6	7	8
5. 6	11. 2	0.75	106	132	170	—	80	100	125	—
		1	118	150	190	236	90	112	140	180
		1. 25	125	160	200	250	95	118	150	190
		1. 5	140	180	224	280	106	132	170	212
11. 2	22. 4	0.75	112	140	180	—	85	106	132	—
		1	125	160	200	250	95	118	150	190
		1. 25	140	180	224	280	106	132	170	212
		1. 5	150	190	236	300	112	140	180	224
		1. 75	160	200	250	315	118	150	190	236
		2	170	212	265	335	125	160	200	250
		2. 5	180	224	280	355	132	170	212	265
22. 4	45	1	132	170	212	—	100	125	160	200
		1. 5	160	200	250	315	118	150	190	236
		2	180	224	280	355	132	170	212	265
		3	212	265	335	425	160	200	250	315

注：摘自 GB/T 197—2003。

表 5-30　内、外螺纹顶径公差　　　　　　　　　　　　　　　　　　　单位：μm

公差项目	内螺纹顶径(小径)公差 T_{D_1}				外螺纹顶径(大径)公差 T_d		
	5	6	7	8	4	6	8
0.75	150	190	236	—	90	140	—
0.8	160	200	250	315	95	150	236
1	190	236	300	375	112	180	280
1. 25	212	265	335	425	132	212	335
1. 5	236	300	375	475	150	236	375
1. 75	265	335	425	530	170	265	425
2	300	375	475	600	180	280	450
2. 5	355	450	560	710	212	335	530
3	400	500	630	800	236	375	600

注：摘自 GB/T 197—2003。

(五)普通螺纹的标记

1. 单个螺纹的标记

螺纹的完整标记由螺纹代号、公称直径、螺距、旋向、螺纹公差带代号和旋合长度代号(或数值)组成。当螺纹是粗牙螺纹时,粗牙螺距省略标注。当螺纹为右旋螺纹时,不标注旋向;当螺纹为左旋螺纹时,在相应位置写"LH"字样。当螺纹中径、顶径公差带相同时,合写为一个。当螺纹旋合长度为中等时,省略标注旋合长度。

例 1:解释螺纹标记 M20×2—7g6g—24—LH 的含义。

解:M——普通螺纹的代号;

  20——螺纹公称直径;

  2——细牙螺纹螺距(粗牙螺距不注);

  7g——螺纹中径公差带代号,字母小写表示外螺纹;

  6g——螺纹顶径公差带代号,字母小写表示外螺纹;

  24——旋合长度数值;

  LH——左旋(右旋不注)。

例 2:解释螺纹标记 M10—5H6H—L 的含义。

解:M10——普通螺纹代号及公称直径,粗牙;

  5H6H——螺纹中径、顶径公差带代号,大写字母表示内螺纹;

  L——长旋合长度代号(中等旋合长度可不注)。

例 3:解释螺纹标记 M10×1—6g 的含义。

解:M10×1——普通螺纹代号、公称直径及细牙螺距;

  6g——外螺纹中径和顶径公差带代号。

2. 螺纹配合在图样上的标注

标注螺纹配合时,内、外螺纹的公差带代号用斜线分开,左边为内螺纹公差带代号,右边为外螺纹公差带代号。例如:

M20×2—6H/6g

M20×2—6H/5g6g—LH

五、任务分析

(一)普通螺纹的检测

测量螺纹的方法有两类:单项测量和综合检验。单项测量是指用指示量仪测量螺纹的实际值,每次只测量螺纹的一项几何参数,并以所得的实际值来判断螺纹的合格性。单项测量有牙型量头法、量针法和影像法等。综合检验是指一次同时检验螺纹的几个参数,以几个参数的综合误差来判断螺纹的合格性。生产上广泛应用螺纹极限量规综合检验螺纹的合格性。

单项测量精度高,主要用于精密螺纹、螺纹刀具及螺纹量规的测量或生产中分析形成各参数误差的原因时使用。综合检验生产率高,适合于成批生产中精度不太高的螺纹件。

(二)普通螺纹的综合检测

对螺纹进行综合检验时使用的是螺纹量规和光滑极限量规,它们都是由通规(通端)和止规(止端)组成。光滑极限量规用于检验内、外螺纹顶径尺寸的合格性,螺纹量规的通规用于检验内、外螺纹的作用中径及底径的合格性,螺纹量规的止规用于检验内、外螺纹单一中径的合格性。检验内螺纹用的螺纹量规称为螺纹塞规。检验外螺纹用的螺纹量规称为螺纹环规。

螺纹量规按极限尺寸判断原则设计,螺纹量规的通规体现的是最大实体牙型尺寸,具有完整的牙型,并且其长度等于被检螺纹的旋合长度。若被检螺纹的作用中径未超过螺纹的最大实体牙型中径,且被检螺纹的底径也合格,那么螺纹通规就会在旋合长度内与被检螺纹顺利旋合。

螺纹量规的止规用于检验被检螺纹的单一中径。为了避免牙型半角误差和螺距累积误差对检验结果的影响,止规的牙型常做成截短牙型,以使止端只在单一中径处与被检螺纹的牙侧接触,并且止端的牙扣只做出几牙。

图 5-26 表示检验外螺纹的示例。用卡规先检验外螺纹顶径的合格性,再用螺纹环规的通端检验。若外螺纹的作用中径合格,且底径(外螺纹小径)没有大于其最大极限尺寸,通端应能在旋合长度内与被检螺纹旋合。若被检螺纹的单一中径合格,螺纹环规的止端不应通过被检螺纹,但允许旋进 2～3 牙。

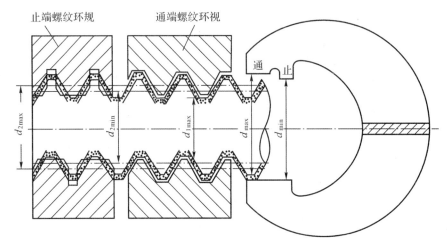

图 5-26 外螺纹的综合检验

图 5-27 表示检验内螺纹的示例。用光滑极限量规(塞规)检验内螺纹顶径的合格性。

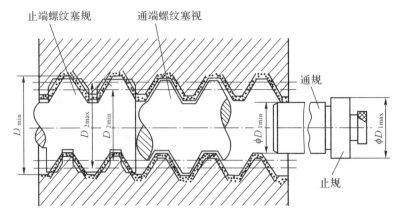

图 5-27 内螺纹的综合检验

再用螺纹塞规图的通端检验内螺纹的作用中径和底径,若作用中径合格且内螺纹的底径(内螺纹大径)不小于其最小极限尺寸,通规应能在旋合长度内与内螺纹旋合。若内螺纹的单一中径合格,螺纹塞规的止端就不能通过,但允许旋进2~3牙。

四、技能实训

1.零件图纸

用数控车床完成如图5-28所示零件的加工。此零件为配合件,件1与件2相配,使用1段毛坯材料,零件材料为45钢,毛坯尺寸为∅55mm×115mm,其中件1和件2需要切断成2个零件。最终通过M27×2的内、外螺纹互相配合。

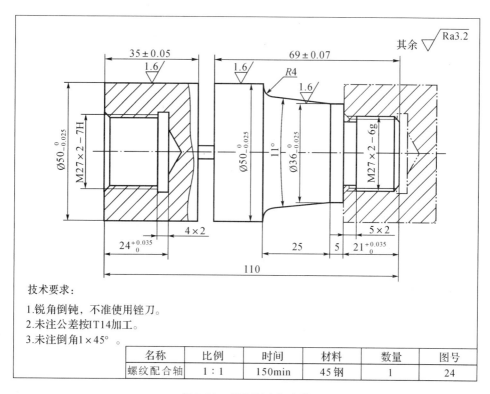

技术要求:
1.锐角倒钝,不准使用锉刀。
2.未注公差按IT14加工。
3.未注倒角1×45°。

名称	比例	时间	材料	数量	图号
螺纹配合轴	1:1	150min	45钢	1	24

图5-28 螺纹配合组合件

2.零件成品

如图5-29所示,就是该锥度配合组合件的成品。

图5-29 螺纹配合组合件成品

3. 零件评分表

零件评分表如表 5-31 所示。

表 5-31 零件评分表

工件编号(姓名)				总得分			
项目与配分		序号	技术要求	配分	评分标准	检测结果	得分
工件加工质量(60分)	外轮廓	1	$\varnothing 50^{0}_{-0.025}$	6	超差 0.01 扣一半, 超差 0.02 以上全扣		
		2	$\varnothing 36^{0}_{-0.025}$	6	超差 0.01 扣一半, 超差 0.02 以上全扣		
工件加工质量(60分)	外轮廓	3	35 ± 0.05	6	超差 0.01 扣一半, 超差 0.02 以上全扣		
		4	69 ± 0.07	6	超差 0.01 扣一半, 超差 0.02 以上全扣		
		5	$25^{+0.035}_{0}$	6	超差 0.01 扣一半, 超差 0.02 以上全扣		
		6	5×2	2			
		7	$M27\times2$-6g	6	通规通,止规止		
		8	$11°$	2			
		9	$R4$	1			
		10	倒角	1			
		11	表面粗糙度	3	升高一级全扣		
	内轮廓	12	$M27\times2$-7H	6	通规通止规止		
		13	$24^{+0.035}_{0}$	6	超差 0.01 扣一半, 超差 0.02 以上全扣		
		14	4×2	2			
		15	倒角	1			
程序与工艺(15分)		16	程序正确、合理等	5	出错一次扣1分		
		17	切削用量选择合理	5	出错一次扣1分		
		18	加工工艺制定合理	5	出错一次扣1分		
机床操作(15分)		19	机床操作规范	7	出错一次扣1分		
		20	刀具、工件装夹	8	出错一次扣1分		
其他(10分)		21	工件无缺陷	5	缺陷一处扣1分		
		22	按时完成	5	超1分钟扣1分, 超出5分钟停止操作		
安全文明生产(倒扣分)		23	安全操作机床	倒扣	出事故停止操作或酌情扣 5~10 分		
		24	工量具摆放	倒扣	不符规范酌情扣 5~10 分		
		25	机床整理	倒扣			

4.准备通知单

(1)材料准备。

工件:材料为 45 钢,毛坯尺寸为 ⌀55mm×115mm。

(2)刀具、工具、量具准备单如表 5-32 所示。

表 5-32　刀具、工具、量具准备单

分类	名称	规格	数量	备注
刀具	外圆粗、精车车刀	93°	1	
	端面车刀	45°	1	
	外圆车槽车刀	刀宽 3 mm	1	
	外圆螺纹车刀	60°	1	
	内孔车刀	⌀12mm	1	
	钻头	⌀25mm	1	
	中心钻	A3	1	
工具	回转顶尖	60°	1	
	固定顶尖	60°	1	
	锉刀		1 套	
	铜片		若干	
	夹紧工具		1 套	
	刷子		1 把	
	油壶		1 把	
	清洗油		若干	
量具	外径千分尺	0～25 mm	1	
	外径千分尺	25～50 mm	1	
	外径千分尺	50～75 mm	1	
	内径千分尺	5～30 mm	1	
	内径量表	18～35mm	1	
	带表游标卡尺	0～150mm	1	
	螺纹环规	M30×1.5	1 套	
其他	垫刀片		适量	
	草稿纸		适量	
	计算器			自备
	工作服			自备
	护目镜			自备

5.加工工艺卡片

在制定零件加工工艺的过程中,要注意尽可能地选择合理的工序安排,使之能够尽可能地减少装刀、换刀的次数,从而达到提高加工效率的目的。以表 5-33 为例:

表 5-33　加工工艺卡片

序号	加工内容	刀具	转速/ r·min⁻¹		进给速度/ mm·min⁻¹	背吃刀量/ mm		操作方法	程序号
				装夹工件伸出 70mm					
1	车直径 50 外圆	T0101	粗	1000	120	粗	2	自动	O0001
			精	2000		精	0.5		
2	钻孔		500		30			手动	
3	车内孔	T0505	粗	700	100	粗	1	自动	O0002
			精	1200		精	0.5		
4	车内槽	T0606	600		40			自动	O0003
5	车内螺纹	T0707	800			0.1		自动	O0004
				装夹 ∅50mm 外圆，平端面控制总长					
6	车剩余各档外圆	T0101	粗	1000	120	粗	2	自动	O0005
			精	2000		精	0.5		
7	切槽（刀宽 3mm）	T0202	600		40			自动	O0006
8	车螺纹	T0303	800					自动	O0007
9	车槽（刀宽 3mm）	T0202	600		40			手动	

6.参考程序

加工图 5-29 螺纹配合组件参考程序如表 5-34～表 5-40 所示。

表 5-34　加工图 5-29 螺纹配合组合件参考程序（一）

程序段号	程　　序	程序说明
	O0001	车直径 50 外圆
N10	%0001	设置加工前准备参数
N20	G90	
N30	M03 S1000	
N40	T0101	
N50	G00 X57 Z5	刀具快速移动到循环起点
N60	G71 U2 R2 P140 Q170 X0.5 Z0.1 F120	外轮廓粗车循环
N70	G00 X100	刀具退至安全点，主轴停转，程序暂停
N80	Z100	
N90	M05	
N100	M00	
N110	M03 S2000	设置精加工前准备参数
N120	T0101	

续表

程序段号	程 序	程序说明
N130	G00 X50 Z2	刀具快速移动到循环起点
N140	G01 Z0 F120	外轮廓加工
N150	Z－65	
N160	X55	
N170	G00 X57	
N180	G00 X100	退刀至安全点,主轴停转,程序结束并返回
N190	Z100	
N200	M05	
N210	M30	

表 5-35　加工图 5-29 螺纹配合组合件参考程序(二)

程序段号	程 序	程序说明
	O0002	车内孔
N10	%0002	设置加工前准备参数
N20	G90	
N30	M03 S700	
N40	T0505	
N50	G00 X20 Z5	刀具快速移动到循环起点
N60	G71 U1 R1 P130 Q180 X－0.5 Z0.1 F100	内孔加工循环
N70	G00 Z200	刀具退至安全点,主轴停转,程序暂停
N80	M05	
N90	M00	
N100	M03 S1200	设置精加工前准备参数
N110	T0505	
N120	G00 X20 Z5	刀具快速移动到循环起点
N130	G00 X27 Z3	内孔加工
N140	G01 Z0 F100	
N150	X25 Z－2	
N160	Z－24	
N170	X20	
N180	G01 X19	

续表

程序段号	程 序	程序说明
N190	G00 Z200	退刀至安全点,主轴停转,程序结束并返回
N200	M05	
N210	M30	

表 5-36　加工图 5-29 螺纹配合组合件参考程序(三)

程序段号	程 序	程序说明
	O0003	车内槽
N10	%0003	设置加工前准备参数
N20	G90	
N30	M03 S600	
N40	T0606	
N50	G00 X22 Z5	刀具快速移动到循环起点
N60	Z-24	内槽加工
N70	G01 X29 F40	
N80	X22	
N90	Z-23	
N100	X29	
N110	Z-24	
N120	X22	
N130	G00 Z200	退刀至安全点,主轴停转,程序结束并返回
N140	M05	
N150	M30	

表 5-37　加工图 5-29 螺纹配合组合件参考程序(四)

程序段号	程 序	程序说明
	O0004	车内螺纹
N10	%0004	设置加工前准备参数
N20	G90	
N30	M03 S800	
N40	T0707	
N50	G00 X20 Z5	刀具快速移动到循环起点
N60	G76 C1 A60 K1.1 X27 Z-22 U0.1 V0.15 Q0.2 F2	螺纹循环
N70	G00 Z200	退刀至安全点,主轴停转,程序结束并返回
N80	M05	
N90	M30	

表 5-38　加工图 5-29 螺纹配合组合件参考程序(五)

程序段号	程　序	程序说明
	O0005	车剩余各档外圆
N10	%0005	
N20	G90	设置加工前准备参数
N30	M03 S1000	
N40	T0101	
N50	G00 X57 Z5	刀具快速移动到循环起点
N60	G71 U2 R2 P140 Q240 X0.5 Z0.1 F120	外轮廓粗车循环
N70	G00 X100	刀具退至安全点,主轴停转,程序暂停
N80	Z10	
N90	M05	
N100	M00	
N110	M03 S2000	设置精加工前准备参数
N120	T0101	
N130	G00 X57 Z5	刀具快速移动到循环起点
N140	G40 X50 Z4	外轮廓加工
N150	G42 X23 Z2	
N160	G01 Z0 F120	
N170	X27 Z−2	
N180	Z−21	
N190	X36	
N200	Z−26	
N210	X40 Z−46	
N220	G02 X50 Z−51 R5	
N230	X55	
N240	G40 G00 X57	
N250	G00 X100	退刀至安全点,主轴停转,程序结束并返回
N260	Z10	
N270	M05	
N280	M30	

表 5-39 加工图 5-29 螺纹配合组合件参考程序(六)

程序段号	程序	程序说明
	O0006	切槽
N10	%0006	设置加工前准备参数
N20	G90	
N30	M03 S600	
N40	T0202	
N50	G00 X29 Z5	刀具快速移动到循环起点
N60	Z-19	槽加工
N70	G01 X23 F40	
N80	X29	
N90	Z-21	
N100	X23	
N110	Z-19	
N120	X29	
N130	G00 X100	退刀至安全点,主轴停转,程序结束并返回
N140	Z10	
N150	M05	
N160	M30	

表 5-40 加工图 5-29 螺纹配合组合件参考程序(七)

程序段号	程序	程序说明
	O0007	车螺纹
N10	%0007	设置加工前准备参数
N20	G90	
N30	M03 S800	
N40	T0303	
N50	G00 X35 Z5	刀具快速移动到循环起点
N60	G76 C1 A60 K1.1 X24.4 Z-18 U0.1 V0.2 Q0.3 F2	螺纹循环
N70	G00 X100	退刀至安全点,主轴停转,程序结束并返回
N80	Z10	
N90	M05	
N100	M30	

五、任务评价

根据技能实训情况,客观进行质量评价,评价表如表 5-41 所示。各项目配分分别为 10 分,按"好"计 100%,"较好"计 80%,"一般"计 60%,"差"计 40%的比例计算得分。

表 5-41 孔轴配合零件操作练习任务评价表

序号	评价项目	熟练程度自评				熟练程度互评			
		好	较好	一般	差	好	较好	一般	差
1	能描述该配合件的配合类型								
2	能分析该配合件的配合公差								
3	能合理编排加工工艺								
4	能合理选用切削刀具								
5	能合理选用切削参数								
6	能正确编辑加工程序								
7	能正确操作机床并加工零件								
8	能正确控制零件主要尺寸精度								
9	能正确控制零件配合尺寸精度								
10	能掌握控制配合尺寸的方法								
评价小结									

六、知识拓展

(一)螺纹精度和旋合长度

螺纹精度由螺纹公差带和旋合长度构成。螺纹旋合长度愈长,螺距累积误差愈大,对螺纹旋合性的影响愈大。螺纹的旋合长度分短旋合长度(以 S 表示)、中等旋合长度(以 N 表示)、长旋合长度(以 L 表示)三种。一般优先采用中等旋合长度。中等旋合长度是螺纹公称直径的 0.5~1.5 倍。公差等级相同的螺纹,若旋合长度不同,则可分属不同的精度等级。

国家标准将螺纹精度分为精密、中等和粗糙三个级别。精密级用于精密螺纹和要求配合性质稳定、配合间隙较小的连接;中等级用于中等精度和一般用途的螺纹连接;粗糙级用于精度要求不高或难以制造的螺纹。

(二)普通螺纹的选用公差带和配合选用

1.螺纹公差带的选用

螺纹的公差等级和基本偏差相组合可以生成许多公差带,考虑到定值刀具和量具规格增多会造成经济和管理上的困难,同时有些公差带在实际使用中效果不好,国家标准对内、外螺纹公差带进行了筛选,选用公差带时可参考表 5-42。除非特别需要,一般不选用表外的公差带。

表 5-42　普通螺纹的选用公差带

精度等级	内螺纹公差带			外螺纹公差带		
	S	N	L	S	N	L
精密级	4H	5H	6H	(3h4h)	4h	(5h4h)
					(4g)	(5g4g)
中等级	* 5H				* 6e	(7h6h)
		* 6H	* 7H	(5h6h)	* 6f	
	(5G)	(6G)	(7G)		* 6g	(7g6g)
					* 6h	(7e6e)
粗糙级	—	7H	8H	—	8g	(9g8g)
		(7G)	(8G)		(8e)	(9e8e)

注:摘自 GB/T 197—2003。带 * 的公差带应优先选用,不带 * 的公差带其次选用,加括号的公差带尽量不用。

螺纹公差带代号由公差等级和基本偏差代号组成,它的写法是公差等级在前,基本偏差代号在后。外螺纹基本偏差代号是小写的,内螺纹基本偏差代号是大写的。有些螺纹公差带是由两个公差带代号组成的,其中前面一个公差带代号为中径公差带,后面一个为顶径公差带。当顶径与中径公差带相同时,合写为一个公差带代号。

2.配合的选用

内、外螺纹的选用公差带可以任意组成各种配合。国家标准要求完工后的螺纹配合最好是 H/g、H/h 或 G/h 的配合。为了保证螺纹旋合后有良好的同轴度和足够的联结强度,可选用 H/h 配合。要装拆方便,一般选用 H/g 配合。对于需要涂镀保护层的螺纹,根据涂镀层的厚度选用配合。镀层厚度为 $5\mu m$ 左右,选用 6H/6g;镀层厚度为 $10\mu m$ 左右,则选 6H/6f;若内、外螺纹均涂镀,可选用 6G/6e。

思考与练习

1.普通螺纹的几何参数主要有哪些?

2.简述螺距误差产生的原因。

3.什么是普通螺纹牙型半角误差?

4.解释螺纹标记 M24×1.5—7g6g—LH 的含义。

5.加工螺纹配合件时的注意事项有哪些?

参考文献

[1] 卞化梅,牛小铁.数控车床编程与零件加工[M].北京:化学工业出版社,2012.

[2] 崔兆华.数控车床加工工艺与编程操作[M].南京:江苏教育出版社,2010.

[3] 高晓萍,于田霞.数控车工(FANUC系统)[M].北京:清华大学出版社,2011.

[4] 林岩.数控车技能实训[M].北京:化学工业出版社,2012.

[5] 刘鹏玉.数控车床编程100例[M].北京:机械工业出版社,2011.

[6] 张旭.车工工艺与技能训练[M].南京:江苏教育出版社,2010.

[7] 崔兆华.数控车工(中级)[M].北京:机械工业出版社,2006.

[8] 沈建峰,虞俊.数控车工(高级)[M].北京:机械工业出版社,2006.

[9] 韦荣生,毛江峰.数控车床加工与编程[M].武汉:中国地质大学出版社,2013.

[10] 陈吉红,胡涛.数控机床现代加工工艺[M].武汉:华中科技大学出版社,2009.

[11] 丁昌滔.数控加工编程与CAM[M].杭州:浙江科学技术出版社,2008.

[12] 申晓龙.数控加工技术[M].北京:冶金工业出版社,2008.

[13] 刘燕霄.数控加工操作技能[M].北京:机械工业出版社,2008.

[14] 夏端武,李茂才.FANUC数控车编程加工技术[M].北京:化学工业出版社,2009.

[15] 贾春扬,刘红,曾好平.胎圈钢丝拉拔模新孔型设计与有限元分析[J].轻工机械,2010,28(2):55—57.

[16] 杜海清,冯刚.面向塑机加工过程的工步间尺寸打表测量技术[J].塑料工业,2015,43(3):90—93.

[17] 杜海清.PET吹塑模型腔高速精加工表面粗糙度实验研究[J].工程塑料应用,2013,41(4):55—57.

[18] 袁永富,熊福林,肖善华,等.偏心轴零件的数控车削加工研究[J].煤矿机械,2009,30(8):120—122.

[19] 熊隽.CAXA数控车自动编程注意要点及难点解析[J].机械工程与自动化,2011,12(6):175—177.